给孩子的极简Python编程书

应用篇 3

编程与应用

一石匠人　廖世容　著

電子工業出版社
Publishing House of Electronics Industry
北京·BEIJING

图书在版编目（CIP）数据

给孩子的极简 Python 编程书. 应用篇. 3，编程与应用 / 一石匠人，廖世容著. 一北京：
电子工业出版社，2023.10
ISBN 978-7-121-46496-6

Ⅰ. ①给… Ⅱ. ①一… ②廖… Ⅲ. ①软件工具一程序设计一少儿读物 Ⅳ. ①TP311.561-49

中国国家版本馆 CIP 数据核字（2023）第 198639 号

责任编辑：王佳宇
印　　刷：北京市大天乐投资管理有限公司
装　　订：北京市大天乐投资管理有限公司
出版发行：电子工业出版社
　　　　　北京市海淀区万寿路173信箱　　邮编：100036
开　　本：720×1000　1/16　印张：37.75　字数：543.6千字
版　　次：2023 年 10 月第 1 版
印　　次：2023 年 10 月第 1 次印刷
定　　价：149.00 元（全 4 册）

凡所购买电子工业出版社图书有缺损问题，请向购买书店调换。若书店售缺，请与本社发行部联系，联系及邮购电话：（010）88254888，88258888。

质量投诉请发邮件至 zlts@phei.com.cn，盗版侵权举报请发邮件至dbqq@phei.com.cn。

本书咨询联系方式：电话（010）88254147；邮箱wangjy@phei.com.cn。

前言

preface

我的上一本图书《读故事学编程——Python 王国历险记》已经出版四年时间了。再次提笔写书的主要动机是给自己的孩子看。作为少儿编程教育的从业者，我深知编程对孩子成长的重要作用。同时我也看到了在少儿编程课程设计中孩子学习与练习会遇到的诸多问题。作为两个孩子的父亲，我想把最好的少儿编程内容教给他们，让他们少走弯路、节约时间、关注要点。于是就有了这套书的编写计划。

在持续写作的过程中我突然意识到这套书还可以帮助更多的孩子，于是这套书才得以与读者朋友们见面。

一、写作原则

知识选取

并不是所有的编程知识都适合孩子学习，也不是效果越酷炫的内容越值得孩子学习。本书不是一个“大而全”的手册或说明文档，而是选取了最必要的、最常使用的、应用场景多的、相对简单的知识点。知识点的数量不是最多的，但是学精学透，可以以一当十。

案例选取

针对同一个知识点，本书既会选取与生活息息相关的案例，也会选取天马行空的案例，是“魔幻现实主义”。这样既能让孩子了解编程原理在生活中的应用，也能启发孩子思考、激发孩子想象力，从而提高孩子的编程兴趣，提升学习效果。例如，讲解条件语句时我既会用到《哈尔的移动城堡》里任意门的案例，也会涉及自助售卖机的案例。

关注角度

除了让孩子能理解原理、读懂程序、编写程序，这套书也着力促进孩子观察与思考、拓展与迁移。讲解完知识要点及标准案例后，会启发孩子观察生活中应用新知识的地方，鼓励孩子去模拟和创造；也会在基本案例讲解完后启发孩子多思考、多改进、多优化现有的程序，以此达到学以致用的目的。

二、主要内容

这套书共四个分册：第一个分册是理论基础，其他三个分册是实践应用。三个应用方向分别为程序绘图、游戏设计、应用程序制作。学习第一个分册是学习其他三个分册的基础和前提。

《给孩子的极简 Python 编程书（基础篇）——编程与生活》

选取最常用和最易学的核心知识点，聚焦对 Python 编程基础知识的学习，让孩子真正学会。采用一些孩子在生活中常见的案例，也涉及一些充满想象力的虚构案例，让孩子产生浓厚的编程兴趣，能持续学习。同时也对编程知识背后的思想及生活中的应用场景进行拓展，引发孩子思考，学精学透、学以致用。

《给孩子的极简 Python 编程书（应用篇 1）——编程与绘图》

学习利用编程绘画。这个过程需要反复应用第一个分册中学到的基础知识，是夯实基础的过程。同时会学习绘图的相关代码知识，拓宽孩子的视野。除了讲解编程知识，也为孩子总结了程序绘画的基本要点和技巧，帮助孩子举一反三，实现自己创作。这个分册的内容也结合了很多数学知识，帮助孩子体会数学的魅力，提升跨学科应用的能力。

《给孩子的极简 Python 编程书（应用篇 2）——编程与游戏》

学习利用编程进行游戏设计。首先用最短的篇幅介绍了最核心、最必要的游戏设计的编程知识，然后由简到难地学习多个游戏案例。在练习与实践中进步。除了知识层面的讲解，还总结了游戏制作的通用模式，讲解设计游戏创新的简单方法，启发孩子思考，为孩子创作属于自己的游戏、发挥创意提供保障。

《给孩子的极简 Python 编程书（应用篇 3）——编程与应用》

在应用理论知识的基础上，学习带界面的、可用于学习和生活的应用程序的制作方法。这个分册教授孩子们最常用的核心知识点，总结制作带界面的应用程序的规律与技巧，按照由简到难的顺序进行设计，在实践中学习。关注创新方法的总结，让孩子举一反三。

三、使用方法

第一种方法：每个分册依次学习，先学第一个分册的基础知识，再任意选择应用方向：绘图、游戏、带界面的应用程序，三个应用方向没有先后顺序。

第二种方法：整套书穿插使用，第一个册的基础知识会与其他三个分册有对应关系，学到某个阶段的基础就可以跳到感兴趣的应用方向（选择部分应用方向或所有应用方向）进行深入学习。

写作是一件极其耗费心力的工作。我很庆幸妻子廖世容成为本书的共同作者，有近一半的案例及文字都是由她创作完成的。此生得此家庭中的好妻子、工作上的好伙伴，幸甚。

本书从构思到出版历时近一年半的时间，期间编辑王佳宇老师与我保持着高频次的讨论沟通，大到整套书的定位和结构，小到标点符号的正确使用。编辑真是一项伟大的、辛苦的工作。可以说王老师的付出让这套书的质量上了好几个台阶，感谢。

一石匠人

目录

Contents

第一章　简易计算器程序 —— GUI 编程基础（上）　/1

第二章　升级计算器程序 —— GUI 编程基础（下）　/9

第三章　密码生成器　/23

第四章　电子集邮册　/35

第五章　智能快递柜　/42

第六章　怪兽监狱　/55

第七章　幸运大转盘　/66

第八章　登录界面　/76

第九章　简易版记事本　/84

第十章　升级版记事本　/91

第十一章　智能答题系统　/102

第十二章　“整蛊”游戏　/113

第十三章　麻辣烫自助点餐系统　/119

第一章

简易计算器程序——GUI 编程基础（上）

重点知识

1. 了解 GUI 的概念
2. 理解制作 GUI 应用的关键步骤
3. 掌握创建窗口、添加控件、布局、绑定事件的方法
4. 掌握控件 Label、Entry、Button 的创建及使用方法

从这一章开始我们要学习一个新的领域——GUI。什么是 GUI？它是 Graphical User Interface 的缩写，指的是图形用户界面或图形用户接口。

你可能会感到奇怪，现在的程序不都是带图形界面的吗？我们为什么还要学这个呢？其实最早的操作系统都是用代码命令操作的，操作计算机就像我们在编辑器里写程序一样，很不方便。后来才出现了 GUI。上一个分册中我们用 pygamezero 制作的游戏其实也是 GUI 的一种，现在这个阶段我们主要学习制作应用型、工具类的程序和应用。

接下来我们就从最简单的内容开始吧！先来制作一个简易的计算器。

1.1 创建窗口

在 Python 中有一个专门制作 GUI 的模块 —— tkinter。在我们安装 Python 编辑器时，tkinter 就已经被自动安装到我们的计算机了，所以直接通过语句引入这个模块就可以，代码如下。

```
from tkinter import *
```

与制作游戏先要准备画布一样，我们想要制作一个 GUI 应用，也要先准备好空白的窗口，代码如下。

```
root = Tk()
root.mainloop()
```

我们通过 Tk() 建立的窗口称为根窗口，注意 Tk() 的第一个字母要大写。将建立的窗口命名为 root，当然也可以用其他的变量名。mainloop() 的作用是让根窗口持续运行，这行代码一定要放在程序的最后一行。

虽然现在我们的代码只有三行，但其实它已经是一个最简单的 GUI 程序了。

运行代码，会弹出一个空白窗口，如图 1.1 所示。

图 1.1 空白窗口

这个窗口很简单，我们可以对它稍微装饰一下。

通过语句 root.title("我的计算器") 可以设置窗口的标题。通过语句 root.geometry("400x300") 可以设置窗口的大小。这里注意别忘记引号，引号里面的两个数字代表窗口的长和宽，并且这两个数字用字母“x”连接，如果把“x”换成“*”，运行代码则会报错。

通过语句 root.config(bg="skyblue") 可以设置背景颜色，引号里既可以是表示颜色的英文名称，也可以使用十六进制表示颜色，优化后的代码如下。

```
from tkinter import *
root = Tk()
root.title("我的计算器") # 设置标题
root.geometry("400x100") # 设置窗口大小
root.config(bg="skyblue") # 设置背景颜色
root.mainloop()
```

运行优化后的代码，如图 1.2 所示，窗口看上去是不是更舒服了？

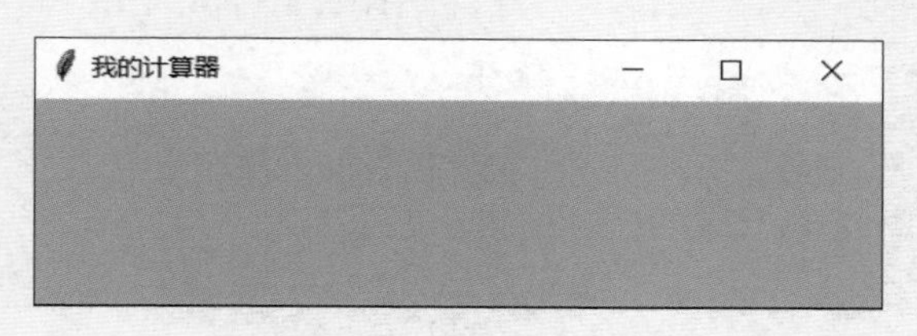

图 1.2　优化后的窗口

1.2　添加控件

用 tkinter 做 GUI 有点儿像拼积木。准备好场地（窗口）后，就开始挑选积木并将其拼在一起。tkinter 中有很多控件，分别负责不同的功能，这些控件就像不同种类的积木，我们根据需要挑选对应的控件，再放入我们的根窗口。

我们先来添加一个标签 Label 控件，这个控件主要用来显示文字或图片，代码如下。

```
label = Label(root, text="请输入算式：")
```

这个控件有很多个可选参数，第一个参数是根窗口，代表显示的容器。text 参数用于设置标签上显示的文字。

运行代码，我们看不到设置的标签文字。那要如何做呢？这就需要进行下一步：布局。

1.3 布局

创建控件后，还需要布局，这样才能将控件显示在窗口里，代码如下。

```
label.place(x=150, y=0)
```

这里的 x 和 y 分别代表控件左上角的横纵坐标。tkinter 的坐标系与 pygamezero 的坐标系是一样的，左上角的坐标是 (0,0)，越靠右的位置横坐标越大，越靠下的位置纵坐标越大。

下面两行代码能把一个 Label 控件添加到窗口里。

```
label = Label(root, text="请输入算式：")
label.place(x=150, y=0)
```

运行代码，如图 1.3 所示。

图 1.3　显示 Label 控件

用类似的方法我们可以再添加一个单行输入 Entry 控件，也是先通过 Entry() 创建一个控件，再通过 place() 将它显示在指定的位置。参数的意义与显示 Label 控件语句是一样的，代码如下。

```
ety = Entry(root)
ety.place(x=120, y=30)
```

运行代码，如图 1.4 所示。

图 1.4　显示 Entry 控件

再用类似的方法创建一个按钮 —— Button 控件，参数的意义与前面显示两种控件语句的意义也是一样的，代码如下。

```
btn = Button(root, text=" 确认 ")
btn.place(x=180, y=60)
```

我们的应用已见雏形，完整的代码如下。

```
from tkinter import *
root = Tk()
root.title(" 我的计算器 ")
root.geometry("400x100")
label = Label(root, text=" 请输入算式：")
label.place(x=150, y=0)
ety = Entry(root)
ety.place(x=120, y=30)
btn = Button(root, text=" 确认 ")
btn.place(x=180, y=60)
root.mainloop()
```

运行代码，如图 1.5 所示。

图 1.5　显示三种控件

前面添加了三种控件，是不是感觉方法很类似呢？其实添加其他控件也是类似的方法。我们来总结一下规律：

（1）先创建控件，创建语句的首字母要大写，控件第一个参数是窗口的名称，其他参数是可选的；

（2）通过 place() 语句设置显示位置，将控件显示在窗口内。

1.4 绑定事件

目前的程序从外观上看已经很完整了，我们可以在输入框内输入算式，但在点击按钮的时候程序并没有反应。这就需要我们为按钮绑定事件，也就是将按钮控件与一个函数联系起来，当我们点击按钮时，就调用这个函数。我们先来定义一个函数，也就是按钮控件对应的事件，代码如下。

```
def compute():
    print("点击了按钮")
```

然后通过按钮控件的 command 属性将按钮与这个函数绑定，代码如下。

```
btn = Button(root, text="确认", command=compute)
```

这里需要注意，语句中的“command =”后面的函数名是不需要带括号的。

再次运行程序，点击按钮，我们就会发现程序按照 compute() 的命令输出了文字。

但我们的期望是计算输入框里的算式，所以要修改自定义函数里的内容。首先通过 ety.get() 语句获得 Entry 控件里输入的内容，然后对获得的内容进行计算。通过 ety.get() 语句从 Entry 控件里获得的是字符串类型的数据，这里我们还需要用到 eval() 函数，它可以执行字符串形式的表达式，并返回结果。下面的代码可以正确地输出结果 12。

```
c = eval("2+10")
print(c)
```

把Python语句放在字符串里，也可以通过eval()函数得到有效的执行，代码如下。

```
eval("print('hello')")
```

我们最终修改了按钮绑定的函数，代码如下。

```
def compute():
    c = ety.get()
    result = eval(c)
    print(result)
```

运行代码，在输入框内输入算式，再点击按钮，如图 1.6 所示，最终会输出对应的结果。

图 1.6　输入算式

最后为了让程序更友好，我们可以让结果显示在标签上。修改控件的属性需要用到 config() 函数，例如，我们要将计算的结果 result 显示在标签上，就可以通过下面的语句完成。

```
label.config(text=result)
```

运行代码，输入算式，再点击按钮，如图 1.7 所示，计算结果就显示在 Label 控件上面的位置了。

图 1.7　在 Label 控件上显示计算结果

我们的简易计算器程序就完成了，完整代码如下。

```
from tkinter import *


def compute():
    c = ety.get()
    result = eval(c)
    label.config(text=result)


root = Tk()
root.title(" 我的计算器 ")
root.geometry("400x100")
label = Label(root, text=" 请输入算式：")
label.place(x=150, y=0)
ety = Entry(root)
ety.place(x=120, y=30)
btn = Button(root, text=" 确认 ", command=compute)
btn.place(x=180, y=60)
root.mainloop()
```

这个计算器程序虽然简单，但已经包含了制作 GUI 应用的最重要步骤 —— 创建窗口、添加控件、布局、绑定事件。无论是多么复杂的 GUI 应用，都是按照我们刚刚学习的步骤和方法进行设计的。所以我们一定要好好学习这一章的内容，它是在 GUI 学习阶段最基础、最重要的。

第二章

升级计算器程序——GUI编程基础（下）

重点知识

1. 掌握控件的通用属性和方法
2. 熟悉复杂界面的布局方法和技巧
3. 掌握控件绑定带参函数的方法

在上一章学习中，我们已经知道制作GUI应用有四个最主要的步骤：创建窗口、添加控件、布局和绑定事件。几乎所有的GUI应用都可以按照这个思路进行设计。

在上一章中，我们制作了一个能够计算简单算式的计算器。其实我们可以用类似的思路做出各种各样的计算器，如计算周长、面积、体积、健康指数、贷款利息、纳税金额……只要有计算公式，我们都可以用已经掌握的知识制作一个计算器。

2.1 计算长方形面积的计算器

我们来制作一个能够计算长方形面积的计算器，应该按照之前学习的四个步骤进行设计。

第 1 步：创建窗口。通过 Tk() 创建窗口，并设置标题及尺寸，代码如下。

```
from tkinter import *
root = Tk()
root.title(" 计算长方形面积的计算器 ")
root.geometry("400x150")
root.mainloop()
```

运行代码，结果如图 2.1 所示。

图 2.1 窗口

第 2 ~ 3 步：添加控件及布局。

这里我们要添加标题标签控件、提示标签控件、输入框控件和确认按钮。由于长方形面积的计算公式是长 * 宽，所以我们添加两个 Entry 控件。每个控件都需要先创建，然后再通过 place() 布局，这样才能让控件显示在窗口里。

这里比较难的是找到合适的坐标位置，所以一般情况下需要我们提前在纸上画草图，然后在代码中反复修改、调试，这样才能完成，代码如下。

```
# 标题标签
Label0 = Label(root, text=" 计算长方形面积的计算器 ")
Label0.place(x=160, y=10)
# 提示标签
label1 = Label(root, text=" 输入长：")
label1.place(x=80, y=40)
label2 = Label(root, text=" 输入宽：")
label2.place(x=80, y=70)
# 输入框
ety1 = Entry(root)
ety1.place(x=150, y=40)
ety2 = Entry(root)
ety2.place(x=150, y=70)
# 确认按钮
btn = Button(root, text=" 确认 ", command=compute)
btn.place(x=180, y=105)
```

运行代码，我们得到了计算长方形面积的计算器的界面，如图 2.2 所示。

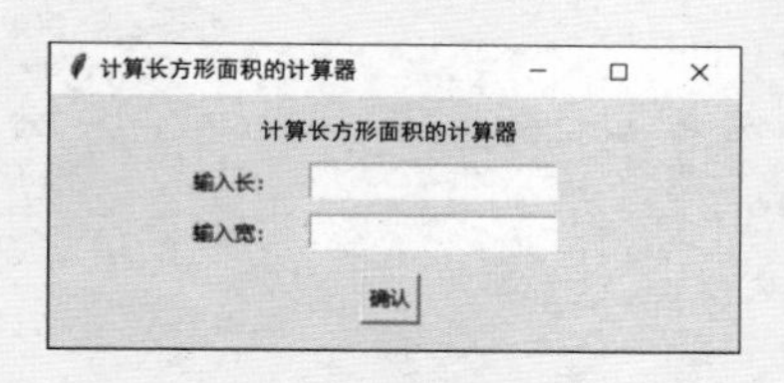

图 2.2　计算器的界面

第 4 步：绑定事件。

在点击确认按钮时，应该触发一个事件函数。这个函数分别从两个 Entry 控件中获得长和宽的数据，最后根据公式计算结果，并将结果显示在 Label 控件上，代码如下。

```
def compute():
    l = ety1.get()
    l = int(l)
```

```
    w = ety2.get()
    w = int(w)
    result = l*w
    label0.config(text=result)
```

这里需要注意，通过 Entry.get() 语句获得的数据是字符串类型，不能直接进行计算，所以需要通过 int() 转换成数据类型。最后通过 config() 方法将结果显示在标题标签上，结果如图 2.3 所示。

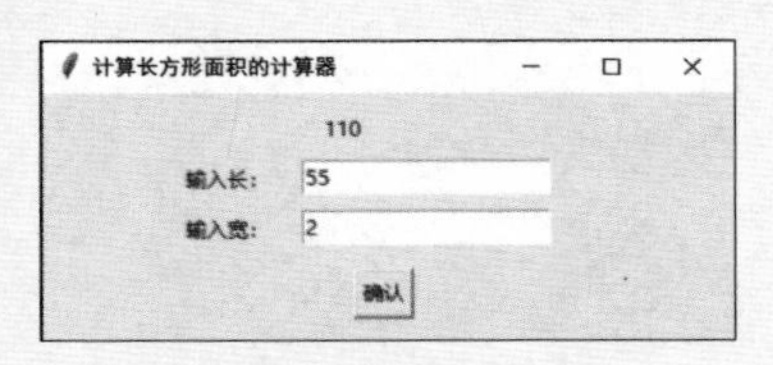

图 2.3　计算结果

目前，这个计算器程序的完整代码如下。

```
from tkinter import *

def compute():
    l = ety1.get()
    l = int(l)
    w = ety2.get()
    w = int(w)
    result = l*w
    label0.config(text=result)

root = Tk()
root.title(" 计算长方形面积的计算器 ")
root.geometry("400x150")
# 标题标签
label0 = Label(root, text=" 计算长方形面积的计算器 ")
label0.place(x=160, y=10)
# 提示标签
label1 = Label(root, text=" 输入长：")
```

```
label1.place(x=80, y=40)
label2 = Label(root, text="输入宽：")
label2.place(x=80, y=70)
# 输入框
ety1 = Entry(root)
ety1.place(x=150, y=40)
ety2 = Entry(root)
ety2.place(x=150, y=70)
# 确认按钮
btn = Button(root, text="确认", command=compute)
btn.place(x=180, y=105)

root.mainloop()
```

我们已经完成了一个计算长方形面积的计算器程序。实现功能上没问题，但是外观不太好看，我们可以通过设置控件的属性来美化一下。

其实控件有很多通用的属性和方法，无论是什么控件，我们都可以通过相同的方法对其外观进行修改。

2.2 控件的通用属性和方法

控件的通用属性有很多，最常用的是改变控件的颜色、字体、字号和大小。

控件的颜色一般分为文字颜色（用fg表示）和背景颜色（用bg表示），可以在创建控件时进行设置。用同样的方法对三种控件的文字颜色和背景颜色进行修改，代码如下。

```
label1 = Label(root, text="输入长：", fg="red", bg=
"yellow")
ety1 = Entry(root, fg="purple", bg="pink")
btn = Button(root, text="确认", fg="white", bg=
```

```
"orange")
```

运行代码，结果如图 2.4 所示。

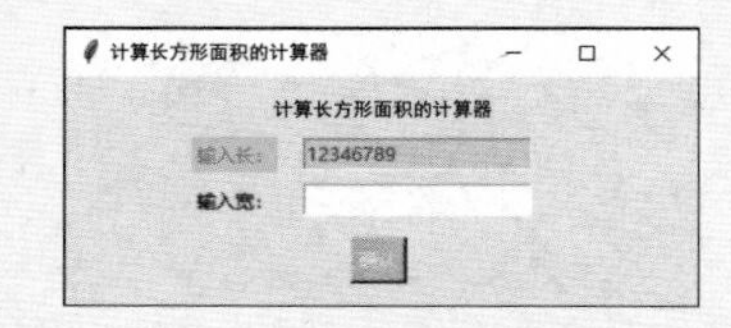

图 2.4　改变控件的文字颜色和背景颜色

字体、字号要怎么修改呢？通过语句 font = " 字体 字号 粗细 " 进行设置，双引号中三个属性之间用空格隔开。字体可以是计算机上已经安装的任意字体；字号就是一个整数；粗细可以设置为 bold（加粗）、normal（正常）、italic（斜体）。

我们对不同的控件进行文字样式的设置，代码如下。

```
label0 = Label(root, text=" 计算长方形面积的计算器 ", font="华文彩云 18 bold")
label1 = Label(root, text=" 输入长: ", font=" 华文行楷 10 normal")
btn = Button(root, text=" 确认 ", font=" 宋体 15 italic")
```

运行代码，如图 2.5 所示。设置字体后，是不是感觉美观多了？

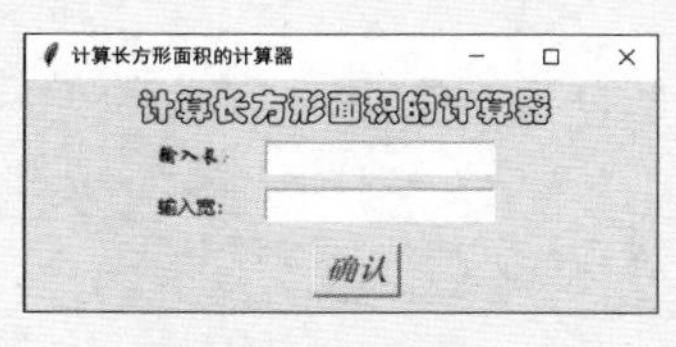

图 2.5　设置字体、字号

下面我们学习一下设置控件的大小，通过 width、height 关键字进行设置，一般放在 place() 语句的括号里。我们可以把控件变得大一些，代码如下。

```
btn = Button(root, text=" 确认 ", font=" 宋体 15 bold")
btn.place(x=150, y=105, width=100, height=40)
```

如果要修改控件的属性，通过“控件名 .config(属性名 = 属性值)”

语句完成。可以同时修改多个属性，语句之间用英文格式的逗号隔开。我们可以同时修改 Label 控件的多个属性，代码如下。

```
    label1.config(text="HELLO", fg="blue", bg="yellow",
font=" 黑体 12 normal")
```

运行代码，如图 2.6 所示，我们可以得到一个更加美观的计算长方形面积的计算器。

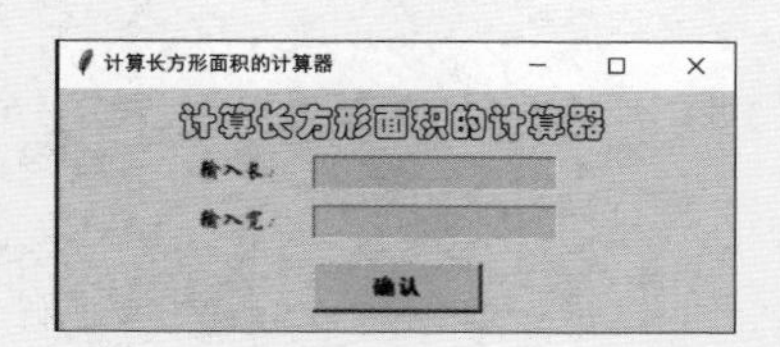

图 2.6　修改 Label 控件多个属性

计算长方形面积的计算器的完整代码如下。

```
    from tkinter import *

    def compute():
        l = ety1.get()
        l = int(l)
        w = ety2.get()
        w = int(w)
        result = l*w
        label0.config(text=result)

    root = Tk()
    root.title(" 计算长方形面积的计算器 ")
    root.geometry("400x150")
    root.config(bg="pink")
    # 标题标签
    label0 = Label(root, text=" 计算长方形面积的计算器 ",
bg="pink", font=" 华文彩云 18 bold")
    label0.place(x=120, y=6)
    # 提示标签
```

```
    label1 = Label(root, text="输入长：", bg="pink", font=
"华文行楷 10 normal")
    label1.place(x=80, y=40)
    label2 = Label(root, text="输入宽：", bg="pink", font=
"华文行楷 10 normal")
    label2.place(x=80, y=70)
    # 输入框
    ety1 = Entry(root, bg="tan1")
    ety1.place(x=150, y=40)
    ety2 = Entry(root, bg="tan1")
    ety2.place(x=150, y=70)
    # 确认按钮
    btn = Button(root, text="确认", bg="orange", font=
"黑体 10 bold", command=compute)
    btn.place(x=150, y=105, width=100, height=30)

    root.mainloop()
```

2.3 复杂的计算器

学习了前面两个案例，我们可以做如图 2.7 所示的复杂的计算器啦。下面我们来做一个真正的计算器。

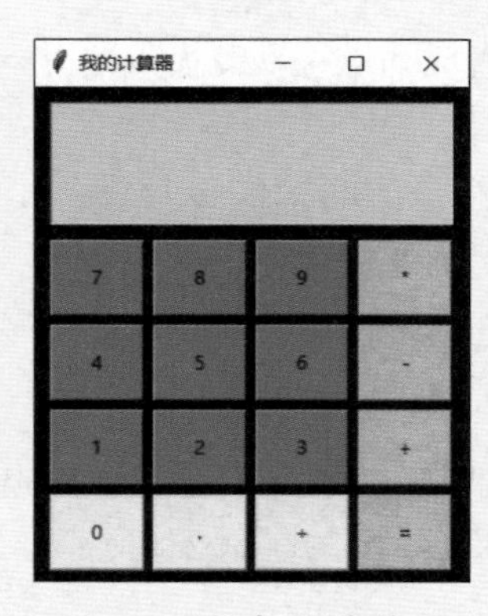

图 2.7　复杂的计算器

这个界面比较复杂，控件比较多，需要提前计算好各个控件的坐标和大小。我们可以尝试先在纸上画出规划图草稿，创建窗口、添加控件并布局，代码如下。

```
    from tkinter import *

    root = Tk()
    root.title("我的计算器")
    root.geometry("275x325")
    root.config(bg="black")
    ety = Entry(root, text="请输入算式：", bg=
"lightgrey",font = "Helvetic 25 bold")
    ety.place(x=10, y=10, width=255, height=80)
    # 第一排按钮
    btn_7 = Button(root, text="7", bg="grey")
    btn_7.place(x=10, y=100, width=60, height=50)
    btn_8 = Button(root, text="8", bg="grey")
    btn_8.place(x=75, y=100, width=60, height=50)
    btn_9 = Button(root, text="9", bg="grey")
    btn_9.place(x=140, y=100, width=60, height=50)
    btn_m = Button(root, text="*", bg="orange")
    btn_m.place(x=205, y=100, width=60, height=50)
    ......
    root.mainloop()
```

下面开始绑定事件，这里的按钮分为两种：第一种是用于开始计算的确认按钮，也就是等号按钮；第二种是输入按钮，包括数字按钮和符号按钮。

每个输入按钮都需要绑定一个事件，点击这个按钮后将对应的数字或符号显示到 Entry 控件里，通过下面的函数就可以完成，代码如下。

```
def click(t):
    ety.insert("end", t)
```

insert() 可以向 Entry 控件里插入字符，第一个参数“end”代表插入的位置为已有内容的末尾，第二个参数“t”就是要插入的字符串。

因为各个输入按钮的功能都一样，只是对应的字符不同，所以这里我们用了带参数的函数。怎么为按钮绑定带参函数呢？需要用到 lambda，代码如下。

```
    btn_7 = Button(root, text="7", bg="grey", command=
lambda: click("7"))
```

在“command=”后面直接写“lambda:”，然后再写上调用带参函数的语句即可。用同样的方法，我们可以为所有的输入按钮（包括数字按钮和符号按钮）绑定事件，代码如下。

```
    # 第一排按钮
    btn_7 = Button(root, text="7", bg="grey", command=
lambda: click("7"))
    btn_7.place(x=10, y=100, width=60, height=50)
    btn_8 = Button(root, text="8" bg="grey", command=
lambda: click("8"))
    btn_8.place(x=75, y=100, width=60, height=50)
    btn_9 = Button(root, text="9", bg="grey", command=
lambda: click("9"))
    btn_9.place(x=140, y=100, width=60, height=50)
    btn_m = Button(root, text="*", bg="orange", command=
lambda: click("*"))
    btn_m.place(x=205, y=100, width=60, height=50)
    ......
```

设置之后，点击输入按钮，我们就可以看到对应的数字或符号显示在计算器的屏幕上了，如图 2.8 所示。

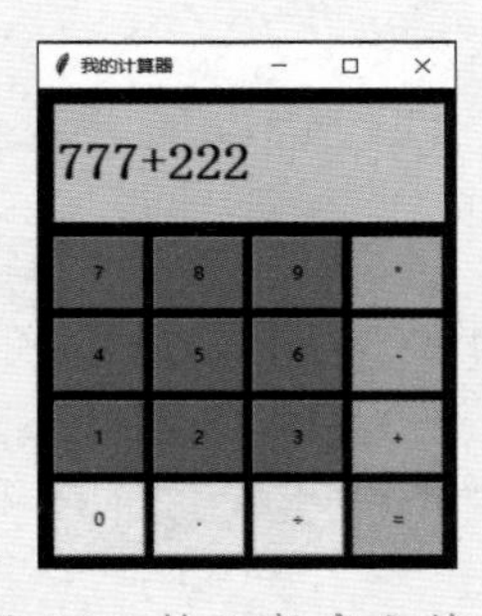

图 2.8　输入数字和符号

接下来，我们为等号按钮绑定事件 computer。算式已经在 Entry 控件里了，我们通过 Entry.get() 语句获得这个算式，再通过 eval() 函数计算结果，最后通过 Entry.insert() 语句将其插入到 Entry 控件里。为了防止算式和答案混在一起，在插入答案之前可以通过 Entry.delete(0, "end") 语句删除所有内容。delete() 语句的第一个参数代表开始字符的索引，代码如下。

```
def computer():
    txt = ety.get()
    result = eval(txt)
    ety.delete(0, "end")
    ety.insert("end", result)
```

我们将上面事件绑定在等号按钮上，代码如下。

```
btn_p = Button(root, text="=", bg="orange", command=
computer)
```

我们终于完成了第一个复杂的 GUI 应用，完整代码如下。

```
from tkinter import *

root = Tk()
root.title("我的计算器")
root.geometry("275x325")
root.config(bg="black")
ety = Entry(root, text="请输入算式：", bg="lightgrey",
font="Helvetic 25 bold")
ety.place(x=10, y=10, width=255, height=80)

def click(t):
ety.insert("end", t)

def computer():
    txt = ety.get()
    result = eval(txt)
```

```
        ety.delete(0, "end")
        ety.insert("end", result)

    # 第一排按钮
    btn_7 = Button(root, text="7", bg="grey", command=
lambda: click("7"))
    btn_7.place(x=10, y=100, width=60, height=50)
    btn_8 = Button(root, text="8", bg="grey", command=
lambda: click("8"))
    btn_8.place(x=75, y=100, width=60, height=50)
    btn_9 = Button(root, text="9", bg="grey", command=
lambda: click("9"))
    btn_9.place(x=140, y=100, width=60, height=50)
    btn_m = Button(root, text="*", bg="orange", command=
lambda: click("*"))
    btn_m.place(x=205, y=100, width=60, height=50)
    # 第二排按钮
    btn_4 = Button(root, text="4", bg="grey", command=
lambda: click("4"))
    btn_4.place(x=10, y=155, width=60, height=50)
    btn_5 = Button(root, text="5", bg="grey", command=
lambda: click("5"))
    btn_5.place(x=75, y=155, width=60, height=50)
    btn_6 = Button(root, text="6", bg="grey", command=
lambda: click("6"))
    btn_6.place(x=140, y=155, width=60, height=50)
    btn_minus = Button(root, text="－", bg="orange", command=
lambda: click("-"))
    btn_minus.place(x=205, y=155, width=60, height=50)
    # 第三排按钮
    btn_1 = Button(root, text="1", bg="grey", command=
lambda: click("1"))
    btn_1.place(x=10, y=210, width=60, height=50)
    btn_2 = Button(root, text="2", bg="grey", command=
lambda: click("2"))
    btn_2.place(x=75, y=210, width=60, height=50)
```

```
    btn_3 = Button(root, text="3", bg="grey", command=
lambda: click("3"))
    btn_3.place(x=140, y=210, width=60, height=50)
    btn_p = Button(root, text="+", bg="orange", command=
lambda: click("+"))
    btn_p.place(x=205, y=210, width=60, height=50)
    # 第四排按钮
    btn_0 = Button(root, text="0", command=lambda: click("0"))
    btn_0.place(x=10, y=265, width=60, height=50)
    btn_dot = Button(root, text=".", command=lambda: click("."))
    btn_dot.place(x=75, y=265, width=60, height=50)
    btn_3 = Button(root, text="÷", command=lambda:
click("/"))
    btn_3.place(x=140, y=265, width=60, height=50)
    btn_p = Button(root, text="=", bg="orange", command=
computer)
    btn_p.place(x=205, y=265, width=60, height=50)

    root.mainloop()
```

我们再稍微调整一下外观参数，就可以获得不同风格的计算器，如图 2.9 所示。

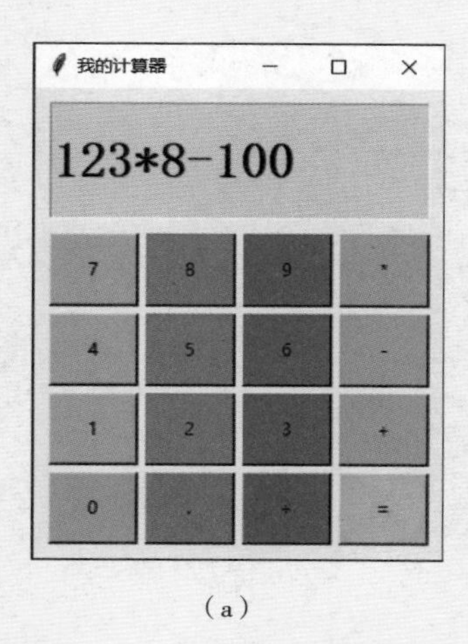

（a）

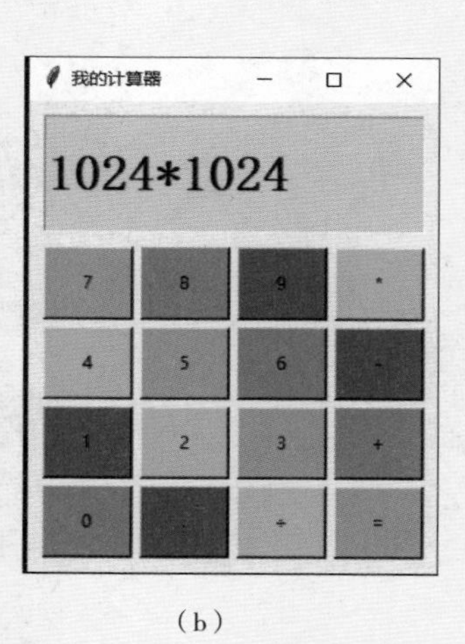

（b）

图 2.9　调整外观参数后的计算器

在后面的章节中我们会反复应用前两章所学的内容，所以这两章值得我们反复、深入地学习。同时，恭喜你已经掌握了制作GUI应用最精华的内容。后面的章节主要是向大家介绍一些新的控件，带领大家拓展思路、发挥想象力，感受一下怎么用基础知识设计不同场景下的应用。

第三章

密码生成器

重点知识

1. 理解密码设置的技巧和方法
2. 巩固有复杂界面的应用的设计方法
3. 理解改造应用的思路

我们的生活离不开密码，社交软件、智能门锁、智能手机、银行卡、保险箱、邮箱登录等都需要设置密码。怎么设置这些密码呢？直接用生日或 123456 肯定不算高明，这一章我们用编程的方式制作一个密码生成器，再设置密码就方便了。

这个应用要怎么用呢？可以采用类似讲故事的方式设置密码！例如，我们的目标是明年1月份数学考到100分，所以幸运数字就是100。如图3.1所示，在人物 / 主角的输入框里输入 me（代表自己），在特殊日子的输入框里输入 1（代表明年 1 月份），在要干什么的输入框里输入 sx（代表数学），在幸运数字的输入框里输入 100（代表目标是 100 分）。最后点击确认按钮，就显示了我们的密码 me1sx100。这样的密码既不容易被其他人破解，又方便自己记忆，而且能时时提醒我们不要忘记自己的目标，一举三得。

图 3.1　密码生成器的界面 1

下面我们就来做这个密码生成器小应用。

3.1　创建窗口

首先创建一个尺寸为 400*260 的窗口，添加标题，并设置背景颜色，代码如下。

```
from tkinter import *

root = Tk()
root.title(" 密码生成器 ")
root.geometry("400x260")
root.config(bg="gold4")
root.mainloop()
```

运行代码，如图 3.2 所示，窗口已经创建完毕。

图 3.2　窗口

3.2　添加各种控件并布局

这个应用中我们一共用了六个 Label 控件、四个 Entry 控件和一个 Button 控件。我们需要先创建再布局，这样每个控件才会显示在窗口上。

六个 Label 控件中一个是用来显示标题的，一个是用来显示结果的，四个是用来提示输入框的内容类别的，代码如下。

```
    label_title = Label(root, text=" 密码生成器 ", fg="yellow",
bg="gold4", font=" 华文彩云 22  bold")
    label_title.place(x=10, y=10, width=380, height=50)
    label_result = Label(root, text=" 请点击下面的按钮组装密
码…", fg="dimgrey", bg="lightyellow3", font="Helvetic 10  bold")
    label_result.place(x=10, y=55, width=380, height=60)
    label1 = Label(root, text=" 人物 / 主角 :", bg="gold4",
fg="orange")
    label1.place(x=10, y=130, width=80, height=30)
    label2 = Label(root, text=" 特殊日子 :", bg="gold4",
fg="orange")
    label2.place(x=180, y=130, width=80, height=30)
    label3 = Label(root, text=" 要干什么 :", bg="gold4", fg=
"orange")
    label3.place(x=10, y=170, width=80, height=30)
```

```
label4 = Label(root, text="幸运数字:", bg="gold4", fg=
"orange")
label4.place(x=180, y=170, width=80, height=30)
```

四个 Entry 控件是用来输入组成密码的四部分内容的，代码如下。

```
ety1 = Entry(root, bg="lightyellow")
ety1.place(x=80, y=130, width=100, height=30)
ety2 = Entry(root, bg="lightyellow")
ety2.place(x=250, y=130, width=100, height=30)
ety3 = Entry(root, bg="lightyellow")
ety3.place(x=80, y=170, width=100, height=30)
ety4 = Entry(root, bg="lightyellow")
ety4.place(x=250, y=170, width=100, height=30)
```

一个确认按钮是用来把最终结果在代表小屏幕的 Label 控件上显示出来的，代码如下。

```
btn = Button(root, text="确 认", bg="orange")
btn.place(x=130, y=210, width=160, height=30)
```

3.3 绑定事件

布局完毕，最后一步就是为按钮绑定事件。点击按钮后将结果显示在 Label 控件上。首先定义一个函数。它的作用就是获得各个 Entry 控件里的内容并将其拼接在一起。因为通过 Entry.get() 语句获得的内容都是字符串，所以用“+”连接，代码如下。

```
def click():
    txt = ety1.get() + ety2.get() + ety3.get() + ety4.get()
    label_result.config(text=txt)
```

最后一步需要将这个定义好的函数通过 command 与按钮连接起来。

```
btn = Button(root, text="确 认", bg="orange", command=click)
```

运行代码，如图 3.3 所示，我们看到了期待的界面。设置一个新密码：爸爸要在六月份买两辆车，输入对应的信息，最后就得到了密码：dad6buycar2。

图 3.3　密码生成器的界面 2

密码生成器小应用的完整代码如下。

```
from tkinter import *

def click():
    txt = ety1.get() + ety2.get() + ety3.get() + ety4.get()
    label_result.config(text=txt)

root = Tk()
root.title("密码生成器")
root.geometry("400x260")
root.config(bg="gold4")

label_title = Label(root, text="密码生成器", fg="yellow",
                    bg="gold4", font="华文彩云 22  bold")
label_title.place(x=10, y=10, width=380, height=50)
```

```
    label_result = Label(root, text="请点击下面的按钮组装密码…",
 fg="dimgrey",bg="lightyellow3", font="Helvetic 10 bold")
    label_result.place(x=10, y=55, width=380, height=60)

    label1 = Label(root, text="人物/主角:", bg="gold4", fg=
"orange")
    label1.place(x=10, y=130, width=80, height=30)
    ety1 = Entry(root, bg="lightyellow")
    ety1.place(x=80, y=130, width=100, height=30)

    label2 = Label(root, text="特殊日子:", bg="gold4", fg=
"orange")
    label2.place(x=180, y=130, width=80, height=30)
    ety2 = Entry(root, bg="lightyellow")
    ety2.place(x=250, y=130, width=100, height=30)

    label3 = Label(root, text="要干什么:", bg="gold4", fg=
"orange")
    label3.place(x=10, y=170, width=80, height=30)
    ety3 = Entry(root, bg="lightyellow")
    ety3.place(x=80, y=170, width=100, height=30)

    label4 = Label(root, text="幸运数字:", bg="gold4", fg=
"orange")
    label4.place(x=180, y=170, width=80, height=30)
    ety4 = Entry(root, bg="lightyellow")
    ety4.place(x=250, y=170, width=100, height=30)

    btn = Button(root, text="确 认", bg="orange", command=
click)
    btn.place(x=130, y=210, width=160, height=30)

    root.mainloop()
```

3.4 动态密码生成器

前面制作的密码生成器虽然也能满足我们设置密码的需求，但是基本还是由我们自己去填写，还不是自动生成的。能不能真的让程序自己去设计密码呢？我们尝试将这个应用升级一下。

将组成密码的四个部分（人物、时间、目标、数字）分别设置一个列表，并在对应的列表中写入可选的范围，代码如下。

```
who = ["dad", "mom", "i"]
when = ["today", "lastyear", "tomorrow"]
todo = ["draw", "football", "cook"]
num = ["6", "8", "1"]
```

然后将原来程序的四个 Entry 控件换为四个按钮，点击一个按钮就随机地从对应的列表中选取一个元素，再添加到结果字符串中。最后我们再调整下控件的外观，现在的界面如图 3.4 所示。

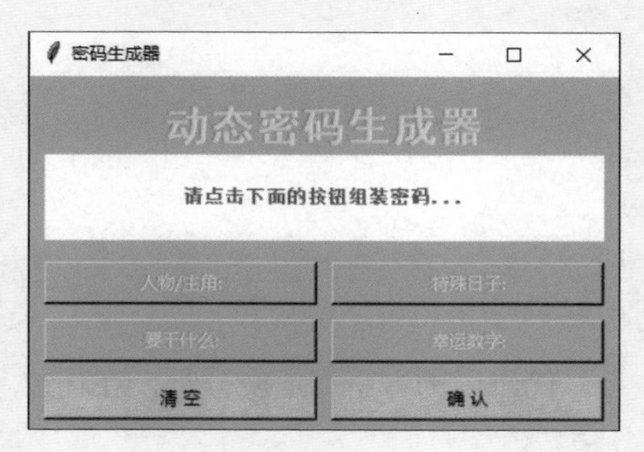

图 3.4 动态密码生成器的界面 1

点击按钮从列表中随机选取元素，需要用到 random 库和 choice()。我们需要按不同的按钮向结果字符串中添加文字，所以将结果设置成一个全局变量 txt。这里需要注意，在函数中使用全局变量要提前用 global 声明一下。第一个按钮的相关代码如下。

```
from random import *
# 选择范围存入列表
who = ["dad", "mom", "i"]
# 定义结果的全局变量
txt = ""
# 定义函数
def click1():
    global txt
    txt += choice(who)
    label_reslut.config(text=txt)
# 绑定事件
btn1 = Button(root, text="人物/主角:", bg="skyblue", fg="yellow", command=click1)
btn1.place(x=10, y=130, width=185, height=30)
```

用同样的方式，我们可以对另外三个添加文字的按钮做类似的设置。

点击确认按钮，提示“密码生成完毕”，对应的代码如下。

```
btn6 = Button(root, text="确 认", bg="orange", command=click6)
......
def click6():
    global txt
    txt = "密码生成完毕：\n" + txt
    label_reslut.config(text=txt)
```

这里需要注意，代码中的“\n”是换行符，在输出字符串时遇到这个符号程序会自动换行。

如果我们对现在的密码不满意，可以点击“清空”按钮再重新开始，我们只需要将存储结果的全局变量txt赋值给一个空字符串就可以了，代码如下。

```
btn5 = Button(root, text="清 空", bg="orange", command=click5)
```

```
......
def click5():
    global txt
    txt = ""
    label_reslut.config(text=txt)
```

动态密码生成器的应用也完成了，完整代码如下。

```
from tkinter import *
from random import *

who = ["dad", "mom", "i"]
when = ["today", "lastyear", "tomorrow"]
todo = ["draw", "football", "cook"]
num = ["6", "8", "1"]
txt = ""

def click1():
    global txt
    txt += choice(who)
    label_reslut.config(text=txt)

def click2():
    global txt
    txt += choice(when)
    label_reslut.config(text=txt)

def click3():
    global txt
    txt += choice(todo)
    label_reslut.config(text=txt)

def click4():
    global txt
```

```
        txt += choice(num)
        label_reslut.config(text=txt)

    def click5():
        global txt
        txt = ""
        label_reslut.config(text=txt)

    def click6():
        global txt
        txt = "密码生成完毕：\n" + txt
        label_reslut.config(text=txt)

    root = Tk()
    root.title("密码生成器")
    root.geometry("400x250")
    root.config(bg="skyblue")

    label_title = Label(root, text="动态密码生成器", fg=
"yellow",bg="skyblue", font="黑体 22  bold")
    label_title.place(x=10, y=10, width=380, height=50)
    label_reslut = Label(root, text="请点击下面的按钮组装密码…",
                         fg="dimgrey", bg="white",
font="Helvetic 10  bold")
    label_reslut.place(x=10, y=55, width=380, height=60)
    btn1 = Button(root, text="人物 / 主角 :", bg="skyblue",
fg="yellow", command=click1)
    btn1.place(x=10, y=130, width=185, height=30)
    btn2 = Button(root, text="特殊日子 :", bg="skyblue",
fg="yellow", command=click2)
    btn2.place(x=205, y=130, width=185, height=30)
    btn3 = Button(root, text="要干什么 :", bg="skyblue",
fg="yellow", command=click3)
    btn3.place(x=10, y=170, width=185, height=30)
```

```
    btn4 = Button(root, text="幸运数字:", bg="skyblue",
fg="yellow", command=click4)
    btn4.place(x=205, y=170, width=185, height=30)
    btn5 = Button(root, text="清 空", bg="orange", command=
click5)
    btn5.place(x=10, y=210, width=185, height=30)
    btn6 = Button(root, text="确 认", bg="orange", command=
click6)
    btn6.place(x=205, y=210, width=185, height=30)

    root.mainloop()
```

运行代码，依次点击各个输入按钮，就可以看到程序自动生成的密码啦。运行程序得到的密码是 dadtodayfootball1，如图 3.5 所示。

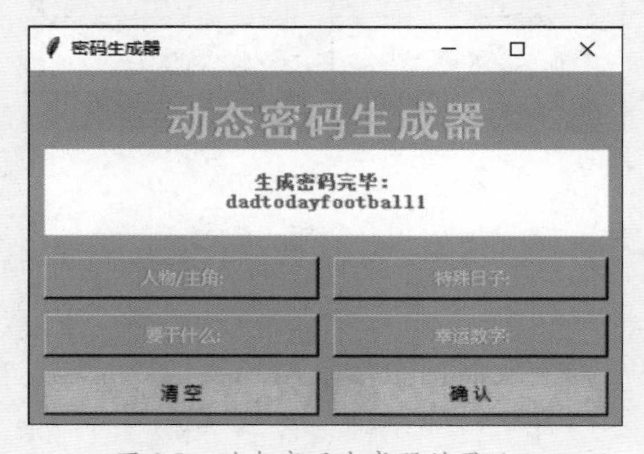

图 3.5　动态密码生成器的界面 2

3.5　故事生成器

上一节的动态密码生成器是用讲故事的方式设计密码的，那能不能直接让它讲故事呢？当然可以啦！我们只需要修改列表里的内容，让这些元素更具故事色彩就可以啦！

```
who = ["孙悟空", "奥特曼", "光头强", "TOM猫"]
when = ["今天早上", "去年", "半夜12点", "一千年以后"]
todo = ["吃掉", "想念", "打", "挑衅"]
result = ["受伤了", "发财了", "吃饱了", "很开心"]
```

其他代码跟上一节的动态密码生成器的代码基本一样，同样的程序我们稍做修改，换个场景就是一个新的应用程序了。我们还可以改变界面的外观。如图 3.6 所示，利用这个应用我们生成了一个故事！

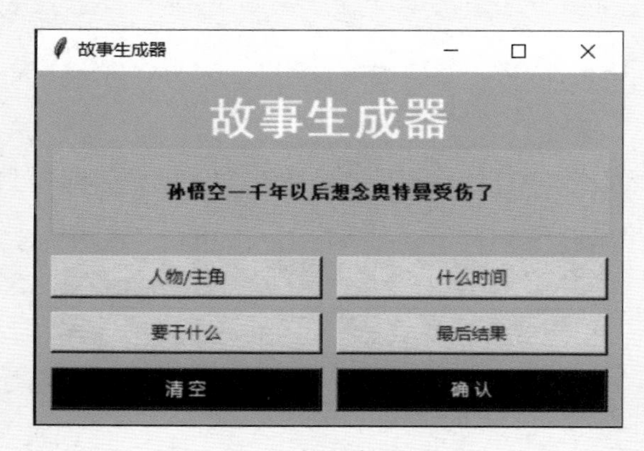

图 3.6　故事生成器的界面

你还能把动态密码生成器做出哪些改进呢？增加更多按钮或按钮与输入框同时使用。

你能把动态密码生成器稍做修改用到其他场景吗？例如，应用在这一章开始说的社交软件、智能门锁、智能手机、银行卡、保险箱、邮箱登录等。

学编程不能光看热闹，动手敲代码才能获得更多灵感。很多时候我们边敲、边想、边改，一个意料之外的优秀作品就出现了。加油！

第四章

电子集邮册

重点知识

1. 掌握用 Label 控件显示图片的方法
2. 理解用 Label 控件切换图片的方法
3. 学习用列表管理多个图片的方法
4. 熟悉循环切换图片的逻辑和思路

很多人都喜欢收集邮票，这一章我们用 tkinter 做一个如图 4.1 所示的电子集邮册。通过点击按钮就能查看每一张邮票的图片。

图 4.1　电子集邮册

4.1 创建窗口

先来创建窗口并设置标题及窗口的大小。这里我们将窗口的大小设置为 216*332，如此精确的数字需要提前计算或者在制作过程中反复调整才能得到，代码如下。

```
from tkinter import *
root = Tk()
root.title(" 电子集邮册 ")
root.geometry("216x332")
root.config(bg="tan")
root.mainloop()
```

运行代码，结果如图 4.2 所示。

图 4.2 窗口

4.2 添加展示图片的 Label 控件

我们需要将邮票图片通过 Label 控件展示出来，要怎么做呢？需要

两个步骤,第一步是将图片加载到程序中,第二步是将图片显示在控件上。

我们将图片准备好放入 .py 文件的同一个文件夹里，这里只支持 .png 格式和 .gif 格式的图片，其他格式的图片需要先转换格式，然后通过 PhotoImage() 语句加载进来，代码如下。

```
img = PhotoImage(file="1.png")
```

下面将图片显示在 Label 控件上，通过 image 属性完成，代码如下。

```
Label = Label(root, image=img, bg="tan")
label.place(x=10, y=10)
```

通过上面两个步骤就可以用 Label 控件显示图片了，运行代码，结果如图 4.3 所示。

图 4.3　用 Label 控件显示图片

4.3　加载更多图片

如果我们有很多张图片，都需要提前加载进程序，要怎么办呢？我们先创建一个空列表 imglist，由于图片的名称为 1.png、2.png……12.png，根据图片名称的规律，我们可以通过 for 循环语句中的循环变量依次获得每张图片的名称。加载完的图片存入列表 imglist 中，代码如下。

```
imglist = []
for i in range(1, 9):
    img = PhotoImage(file=str(i) + ".png")
    imglist.append(img)
```

上面的代码需要注意 range(n,m) 的取值范围是 n 到 m-1，所以分别设置参数为 1 和 9。

如果图片的名称没有规律，我们可以将所有图片的名称存入列表，再通过遍历列表的方法依次获得每张图片的名称。

我们已经加载了所有的图片并存入了列表。通过索引调用列表元素就可以获得已经加载的图片了。为了方便我们定义一个存储列表索引的变量 num_img，初始值为 0，即指向列表中的第一个元素，代码如下。

```
num_img = 0
label = Label(root, image=imglist[num_img], bg="tan")
```

4.4 添加“下一张”按钮

我们添加按钮来控制控件切换图片，改变 Label 控件显示的图片也用 config() 方法。将新的、加载好的图片重新赋值给 image，代码如下。

```
label.config(image=imglist[num_img])
```

我们再来添加“下一张”按钮，代码如下。

```
btn2 = Button(root, text=" 下一张 ", command=nextpage)
btn2.place(x=122, y=300, width=80, height=20)
```

从上面代码中我们可以看到按钮的长为 80，宽为 20，同时绑定了函数 nextpage。nextpage 函数里需要完成哪些工作呢？首先让当前显示的图片的编号 num_img（在列表中的索引）加 1，并通过 imglist[num_img] 获得这个加载好的图片，重新赋值给 image 属性。最后一张图片的编号（列表索引）为 7，所以当编号大于 7 时，将它重新赋值为 0，再次指向第一张图片。这样就能无限循环下去，展示完最后一张图片之后重新展示第一张图片，代码如下。

```
def nextpage():
    global num_img
    num_img += 1
    if num_img >7:
        num_img = 0
    label.config(image=imglist[num_img])
```

运行代码，结果如图 4.4 所示。

图 4.4　展示图片并添加“下一张”按钮

4.5　添加“上一张”按钮

按照添加“下一张”按钮的逻辑，我们可以轻松地添加“上一张”按钮。点击这个按钮，可以显示上一张图片。当显示第一张图片后，再次点击“上一张”按钮，应该显示最后一张图片，这样就能循环查看所有图片了，代码如下。

```
def lastpage():
    global num_img
    num_img -= 1
    if num_img < 0:
        num_img = 7
    label.config(image=imglist[num_img])

btn1 = Button(root, text="上一张", command=lastpage)
btn1.place(x=20, y=300, width=80, height=20)
```

电子集邮册已经制作完了，完整代码如下。

```
from tkinter import *

imglist = []
num_img = 0  # 起始图片对象的编号

def lastpage():
    global num_img
    num_img -= 1
    if num_img < 0:
        num_img = 7
    label.config(image=imglist[num_img])

def nextpage():
    global num_img
    num_img += 1
    if num_img > 7:
        num_img = 0
    label.config(image=imglist[num_img])

root = Tk()
root.title("电子集邮册")
```

```
root.geometry("216x332")
root.config(bg="tan")

for i in range(1, 9):
    img = PhotoImage(file=str(i) + ".png")
    imglist.append(img)
img = PhotoImage(file="1.png")
label = Label(root, image=imglist[num_img], bg="tan")
label.place(x=10, y=10)
btn1 = Button(root, text=" 上一张 ", command=lastpage)
btn1.place(x=20, y=300, width=80, height=20)
btn2 = Button(root, text=" 下一张 ", command=nextpage)
btn2.place(x=122, y=300, width=80, height=20)

root.mainloop()
```

运行代码，结果如图 4.5 所示。

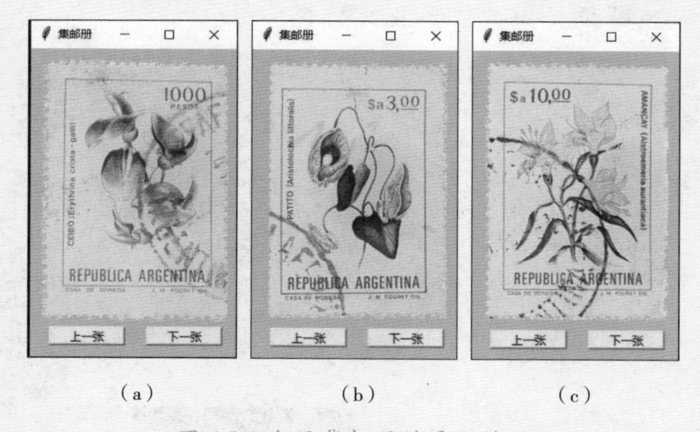

（a）　　（b）　　（c）

图 4.5　电子集邮册的展示结果

这个电子集邮册本质上就是一个图片展示的小应用。我们可以用它来展示各种各样的图片。例如，用于展示照片就成了电子相册，用于展示电影海报就成了电影海报收集册，用于展示图书就成了电子书架，用于展示英语单词卡片就成了记单词神器……还能变成什么应用呢？等你来探索！

第五章

智能快递柜

重点知识

1. 理解字典在 GUI 中的应用思路
2. 学习用程序模拟现实生活场景的思路
3. 掌握用程序模拟快递柜工作的方法

快递为我们的生活带来了极大的便利。为了提高投递的效率，居民小区里出现了越来越多的快递柜。如图 5.1 所示，只要我们在快递柜的显示屏上输入取货码，对应的柜门就会打开，非常方便。你有没有想过，快递柜背后的编程逻辑呢？这一章我们就来做一个智能快递柜小应用。

图 5.1　快递柜

5.1　创建窗口

首先我们创建一个空白窗口，设置标题为“智能快递柜”，设置窗口的大小为630*515，同时将背景颜色设置为深灰色，代码如下。

```
from tkinter import *
root = Tk()
root.title(" 智能快递柜 ")
root.config(bg="darkgrey")
root.geometry("630x515")
root.mainloop()
```

运行代码，如图5.2所示，我们得到了一个深灰色的窗口。里面什么都没有，接下来我们向里面添加控件。

图5.2　窗口

5.2　添加柜门

要怎么表示柜门呢？我们选择Label控件。最终我们设计了四排柜门，第一排和第四排各有三个比较大的柜子，尺寸为 200*160。整个柜子的正中央是控制区，占了两排的高度，这里不放柜门。中间两排除了控制区所占的位置，各有两个比较小的柜门，尺寸为 200*80。这个快递柜共有十个柜门，最后布局结果如图 5.3 所示。

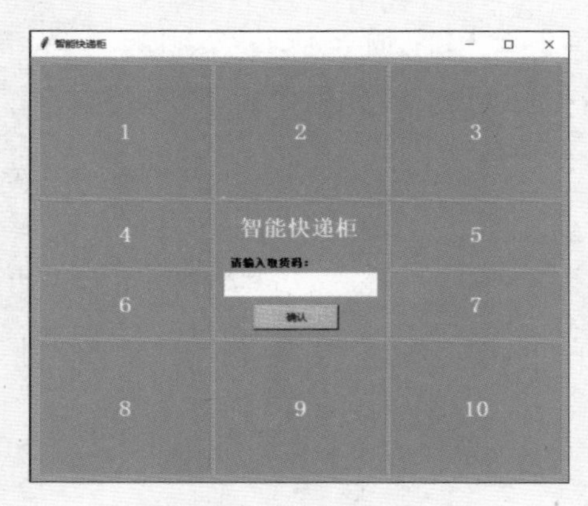

图 5.3　快递柜布局结果

我们首先创建这十个柜门并布局，将 Label 控件的背景设置为黄绿色（yellowgreen），并通过 text 属性将柜门编号显示出来，控制区的位置也通过设置一个 Label 控件的方式显示并设置背景颜色，代码如下。

```
    # 第一排
    label1 = Label(root, text='1', fg="white",
bg="yellowgreen", font="Helvetic 20 bold")
    label1.place(x=10, y=10, width=200, height=160)
    label2 = Label(root, text='2', fg="white",
bg="yellowgreen", font="Helvetic 20 bold")
    label2.place(x=215, y=10, width=200, height=160)
    label3 = Label(root, text='3', fg="white",
bg="yellowgreen", font="Helvetic 20 bold")
    label3.place(x=420, y=10, width=200, height=160)
    # 第二排
    label4 = Label(root, text='4', fg="white",
bg="yellowgreen", font="Helvetic 20 bold")
    label4.place(x=10, y=175, width=200, height=80)
```

```
    label_k = Label(root, fg="white", bg="yellowgreen")
    label_k.place(x=215, y=175, width=200, height=165)
    label5 = Label(root, text='5', fg="white",
bg="yellowgreen", font="Helvetic 20 bold")
    label5.place(x=420, y=175, width=200, height=80)
    # 第三排
    label6 = Label(root, text='6', fg="white",
bg="yellowgreen", font="Helvetic 20 bold")
    label6.place(x=10, y=260, width=200, height=80)
    label7 = Label(root, text='7', fg="white",
bg="yellowgreen", font="Helvetic 20 bold")
    label7.place(x=420, y=260, width=200, height=80)
    # 第四排
    label8 = Label(root, text='8', fg="white",
bg="yellowgreen", font="Helvetic 20 bold")
    label8.place(x=10, y=345, width=200, height=160)
    label9 = Label(root, text='9', fg="white",
bg="yellowgreen", font="Helvetic 20 bold")
    label9.place(x=215, y=345, width=200, height=160)
    label10 = Label(root, text='10', fg="white",
bg="yellowgreen", font="Helvetic 20 bold")
    label10.place(x=420, y=345, width=200, height=160)
```

运行代码，如图 5.4 所示，我们看到了带有十一个 Label 控件的界面。

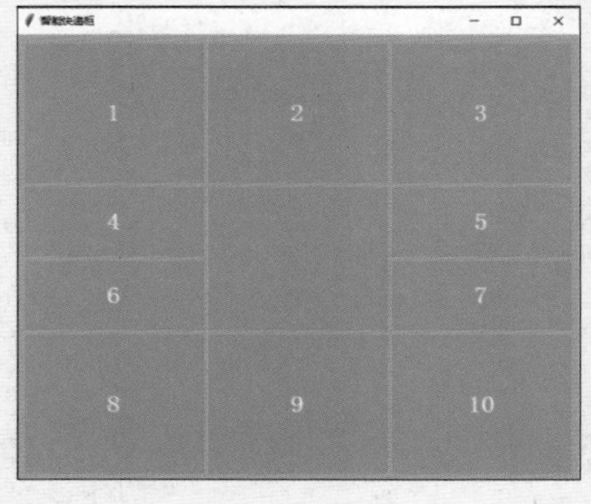

图 5.4　带有十一个 Label 控件的界面

5.3 设计中心控制区

现在我们来设计中心控制区。中心控制区主要由四个部分组成，第一个部分显示文字标题“智能快递柜”，需要用 Label 控件完成。第二个部分是输入框的提示文字标签，也需要用 Label 控件完成，代码如下。

```
label_txt1 = Label(root, text=" 智能快递柜 ", fg="white", bg="yellowgreen", font="Helvetic 20 bold")
label_txt1.place(x=240, y=190)
label_txt2 = Label(root, text=" 请输入取货码：", bg="yellowgreen", font="Helvetic 10 bold")
label_txt2.place(x=230, y=240)
```

第三个部分是输入取货码的输入框，需要用 Entry 控件完成，代码如下。

```
ety = Entry(root)
ety.place(x=225, y=260, width=180, height=30)
```

第四个部分是确认按钮，用一个 Button 控件完成，代码如下。

```
btn = Button(root, text=" 确认 ", bg="orange")
btn.place(x=260, y=300, width=100)
```

至此，我们已经完成了快递柜外观上的准备，下面是最关键的也是难度最大的部分 —— 绑定事件。

5.4 打开柜门的逻辑

当我们输入了取货码后，你期待发生什么呢？当然是如果我们输入的取货码正确，对应的柜门打开，同时屏幕上提示“请取货！”；如果

我们输入的取货码错误，柜门不会打开，屏幕上提示“取货码错误！”

可是我们的柜门是 Label 控件，要怎么体现柜门打开的效果呢？可以把背景颜色改为灰色，同时将物品图片显示在这个 Label 控件上。在代码层面上，我们需要先通过 PhotoImage() 语句将物品图片加载到程序中，再通过 config() 语句改变 Label 控件的 image 属性，将图片显示在 Label 控件上。同时把 Label 控件的 text 赋值为空字符串，即柜门打开后就不再显示柜门号码，代码如下。

```
img1 = PhotoImage(file="1.png")
label1.config(text="", bg="grey", image=img1)
```

1 号柜门打开前和打开后的对比如图 5.5 所示。

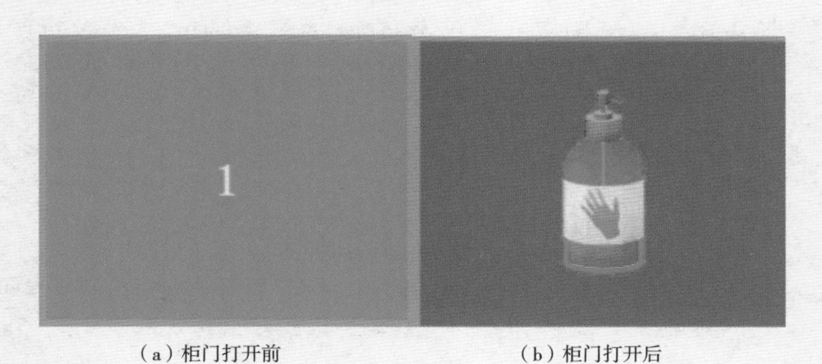

（a）柜门打开前　　（b）柜门打开后

图 5.5　1 号柜门打开前后对比图

5.5　验证取货码是否正确

向输入框中输入取货码，当取货码正确时柜门打开。怎么验证取货码是否正确呢？每个柜门的取货码和柜门号是一一对应的，所以我们可以定义一个字典，用来存储所有柜门的取货码和柜门号，代码如下。

```
goods = {
    "0001": 1,
```

```
    "0002": 2,
    "0003": 3,
    "0004": 4,
    "0005": 5,
    "0006": 6,
    "0007": 7,
    "0008": 8,
    "0009": 9,
    "0010": 10
}
```

上面的字典 goods 中每个键值对的键是取货码，值是柜门号。

怎么判断输入的柜门号是否正确呢？通过 in 来判断，输入的取货码是否在字典 goods 中，如果在就提示请取货，否则就提示取货码错误，代码如下。

```
num = ety.get()
if num in goods:
    label_txt2.config(text="请取货！", fg="red")
else:
    label_txt2.config(text="取货码错误！", fg="red")
```

我们将上面的代码封装成一个函数，并绑定在确认按钮上，代码如下。

```
def open():
    num = ety.get()
    if num in goods:
        label_txt2.config(text="请取货！", fg="red")
    else:
        label_txt2.config(text="取货码错误！", fg="red")
    ……
btn = Button(root, text="确认", bg="orange", command=open)
```

这样就可以检验输入的取货码是否正确了，两种情形下的结果如图 5.6 所示。

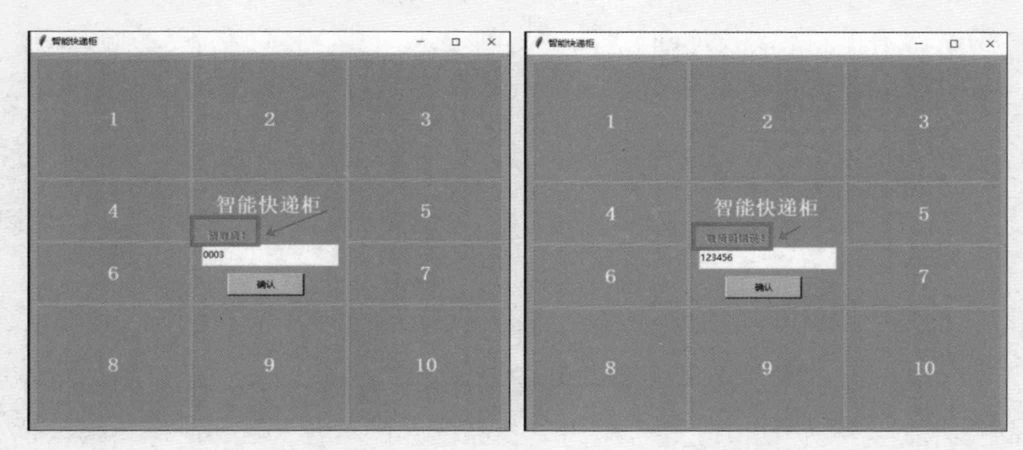

（a）取货码正确时　　（b）取货码错误时

图 5.6　取货码正确 / 错误时对应的结果

如果想修改取货码，直接在字典里修改键值对就可以啦。

5.6　组装智能快递柜程序

经过前面的准备，我们已经明白了快递柜各个部分的原理和代码实现的方式。现在我们就把它们组装在一起，做一个智能快递柜应用。

每个柜门都能打开，所以十个柜门对应十张图片，图片都要加载到程序中，代码如下。

```
img1 = PhotoImage(file="1.png")
img2 = PhotoImage(file="2.png")
img3 = PhotoImage(file="3.png")
img4 = PhotoImage(file="4.png")
img5 = PhotoImage(file="5.png")
img6 = PhotoImage(file="6.png")
img7 = PhotoImage(file="7.png")
img8 = PhotoImage(file="8.png")
img9 = PhotoImage(file="9.png")
img10 = PhotoImage(file="10.png")
```

在字典 goods 中通过取货码可以获得柜门号，也就是在字典中根据键查值，代码如下。

```
# 取货码，键值对的 " 键 "
num = ety.get()
# 柜门号，键值对的 " 值 "
goods[num]
```

又由于每个柜门里物品图片的名称与柜门号相同，如 1 号柜门里物品图片的名称为 1.png，5 号柜门里物品图片的名称为 5.png 等，根据这个规律，我们可以获得取货码对应的柜门里的图片的名称，代码如下。

```
img = eval("img" + str(goods[num]))
```

上面代码中为了让字符串真正成为变量，需要用到 eval() 函数。

又因为代码中柜门的控件对象的名称也和柜门号有关联，如代表 1 号柜门的控件对象的名称是 label1，代表 8 号柜门的控件对象的名称是 label8。所以我们也可以利用这个规律，根据柜门号获得控件名称，同时用 eval() 函数来获得对应的变量名称，代码如下。

```
mylabel = eval("label" + str(goods[num]))
```

最后我们把上面所讲的内容放到按钮事件函数中，于是就完成了智能快递柜程序的最终组装，代码如下。

```
def open():
    num = ety.get()
    if num in goods:
        label_txt2.config(text=" 请取货！ ", fg="red")
        img = eval("img" + str(goods[num]))
        mylabel = eval("label" + str(goods[num]))
        mylabel.config(text="", bg="grey", image=img)
    else:
        label_txt2.config(text=" 取货码错误！ ", fg="red")
```

智能快递柜的完整代码如下。

```
from tkinter import *
# 键值对是取货码：柜门号
goods = {
    "0001": 1,
    "0002": 2,
    "0003": 3,
    "0004": 4,
    "0005": 5,
    "0006": 6,
    "0007": 7,
    "0008": 8,
    "0009": 9,
    "0010": 10
}

def open():
    num = ety.get()
    if num in goods:
        label_txt2.config(text="请取货！", fg="red")
        img = eval("img" + str(goods[num]))
        mylabel = eval("label" + str(goods[num]))
        mylabel.config(text="", bg="grey", image=img)
    else:
        label_txt2.config(text="取货码错误！", fg="red")

root = Tk()
root.title("智能快递柜")
root.config(bg ="darkgrey")
root.geometry("630x515")
img1 = PhotoImage(file="1.png")
```

```
    img2 = PhotoImage(file="2.png")
    img3 = PhotoImage(file="3.png")
    img4 = PhotoImage(file="4.png")
    img5 = PhotoImage(file="5.png")
    img6 = PhotoImage(file="6.png")
    img7 = PhotoImage(file="7.png")
    img8 = PhotoImage(file="8.png")
    img9 = PhotoImage(file="9.png")
    img10 = PhotoImage(file="10.png")
    # 第一排
    label1 = Label(root, text='1', fg="white", bg=
"yellowgreen", font="Helvetic 20 bold")
    label1.place(x=10, y=10, width=200, height=160)
    label2 = Label(root, text='2', fg="white", bg=
"yellowgreen", font="Helvetic 20 bold")
    label2.place(x=215, y=10, width=200, height=160)
    label3 = Label(root, text='3', fg="white", bg=
"yellowgreen", font="Helvetic 20 bold")
    label3.place(x=420, y=10, width=200, height=160)
    # 第二排
    label4 = Label(root, text='4', fg="white", bg=
"yellowgreen", font="Helvetic 20 bold")
    label4.place(x=10, y=175, width=200, height=80)
    label_k = Label(root, fg="white", bg="yellowgreen")
    label_k.place(x=215, y=175, width=200, height=165)
    label5 = Label(root, text='5', fg="white", bg=
"yellowgreen", font="Helvetic 20 bold")
    label5.place(x=420, y=175, width=200, height=80)
    # 第三排
    label6 = Label(root, text='6', fg="white", bg=
"yellowgreen", font="Helvetic 20 bold")
```

```
    label6.place(x=10, y=260, width=200, height=80)
    label7 = Label(root, text='7', fg="white", bg=
"yellowgreen", font="Helvetic 20 bold")
    label7.place(x=420, y=260, width=200, height=80)
    # 第四排
    label8 = Label(root, text='8', fg="white", bg=
"yellowgreen", font="Helvetic 20 bold")
    label8.place(x=10, y=345, width=200, height=160)
    label9 = Label(root, text='9', fg="white", bg=
"yellowgreen", font="Helvetic 20 bold")
    label9.place(x=215, y=345, width=200, height=160)
    label10 = Label(root, text='10', fg="white", bg=
"yellowgreen", font="Helvetic 20 bold")
    label10.place(x=420, y=345, width=200, height=160)
    # 中心控制区
    label_txt1 = Label(root, text="智能快递柜", fg=
"white", bg="yellowgreen", font="Helvetic 20 bold")
    label_txt1.place(x=240, y=190)
    label_txt2 = Label(root, text="请输入取货码：", bg=
"yellowgreen", font="Helvetic 10 bold")
    label_txt2.place(x=230, y=240)
    ety = Entry(root)
    ety.place(x=225, y=260, width=180, height=30)
    btn = Button(root, text="确认", bg="orange", command=
open)
    btn.place(x=260, y=300, width=100)

    root.mainloop()
```

运行代码，只要输入正确的取货码并点击确认按钮，就可以打开对应的柜门啦！如图 5.7 所示，我们可以依次打开所有的柜门。

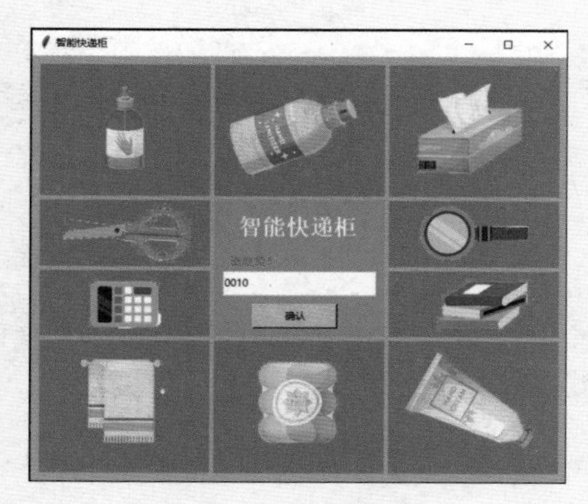

图 5.7　依次打开智能快递柜所有的柜门

智能快递柜的应用做完了，其实稍做修改就可以变为另一个全新的应用。你可以提前思考一下。接下来的两章我们就会把快递柜改造成全新的应用，期待一下吧！

| 第六章 |

怪兽监狱

重点知识

1. 理解升级改造程序的思路和方法
2. 熟悉在程序设计中发挥创意的思路和方法
3. 巩固复杂界面应用的设计方法

同样的应用稍做修改就可以变成一个全新的应用，这一章我们就来实践一下。上一章我们做了一个智能快递柜应用，要怎么修改呢？可以从柜子里存储的物品出发，快递柜里存放的是物品，如果我们将存储物品换为怪兽图片，通过输入密码可以释放对应的怪兽，是不是就变成了全新的应用了？

6.1 “怪兽监狱”的整体思路

我们首先创建“怪兽监狱”的整体轮廓，也就是创建窗口，代码如下。

```
from tkinter import *
root = Tk()
root.title("怪兽监狱")
root.config(bg="tan3")
root.geometry("630x510")
root.mainloop()
```

下面开始创建各个房间，这个可以和快递柜的柜门对应，也用 Label 控件。如图 6.1 所示，监狱房间的门是铁栅栏，通过铁栅栏可以看见里面关押的怪兽。所以我们在创建 Label 控件时就需要把对应的图片显示出来。

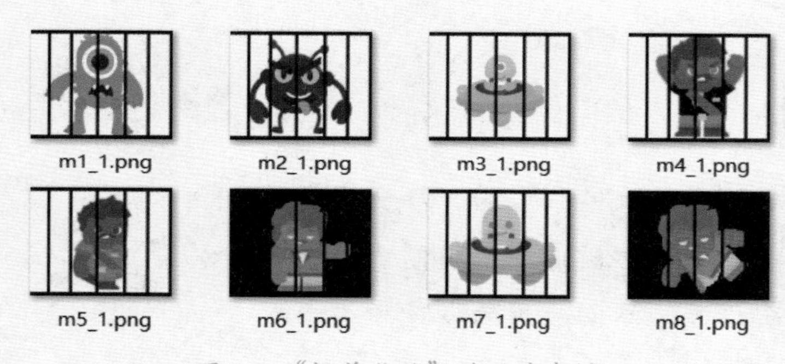

图 6.1 “怪兽监狱”的图片素材

先把对应的图片加载进程序中，代码如下。

```
img1_1 = PhotoImage(file="m1_1.png")
img2_1 = PhotoImage(file="m2_1.png")
img3_1 = PhotoImage(file="m3_1.png")
img4_1 = PhotoImage(file="m4_1.png")
img5_1 = PhotoImage(file="m5_1.png")
img6_1 = PhotoImage(file="m6_1.png")
img7_1 = PhotoImage(file="m7_1.png")
img8_1 = PhotoImage(file="m8_1.png")
```

加载完全部图片，我们就可以创建带图片的 Label 控件了。这里和创建快递柜的柜门的思路非常相似，只是在创建之初就添加了图片。我们共创建三排，每排三个，共九个控件。第二排中间的控件是中心控制区，所以这个 Label 控件不用加图片，代码如下。

```
    # 第一排
    label1 = Label(root, fg="white", bg="grey", image=
img1_1)
    label1.place(x=10, y=10, width=200, height=160)
    label2 = Label(root, fg="white", bg="grey", image=
img2_1)
    label2.place(x=215, y=10, width=200, height=160)
    label3 = Label(root, fg="white", bg="grey", image=
img3_1)
    label3.place(x=420, y=10, width=200, height=160)
    # 第二排
    label4 = Label(root, fg="white", bg="grey", image=
img4_1)
    label4.place(x=10, y=175, width=200, height=160)
    label_k = Label(root, fg="white", bg="yellowgreen")
    label_k.place(x=215, y=175, width=200, height=160)
    label5 = Label(root, fg="white", bg="grey", image=
img5_1)
    label5.place(x=420, y=175, width=200, height=160)
    # 第三排
    label6 = Label(root, fg="white", bg="grey", image=
img6_1)
    label6.place(x=10, y=340, width=200, height=160)
    label7 = Label(root, fg="white", bg="grey", image=
img7_1)
    label7.place(x=215, y=340, width=200, height=160)
    label8 = Label(root, fg="white", bg="grey", image=
img8_1)
    label8.place(x=420, y=340, width=200, height=160)
```

运行代码，如图 6.2 所示，我们看到“怪兽监狱”里的怪兽了。

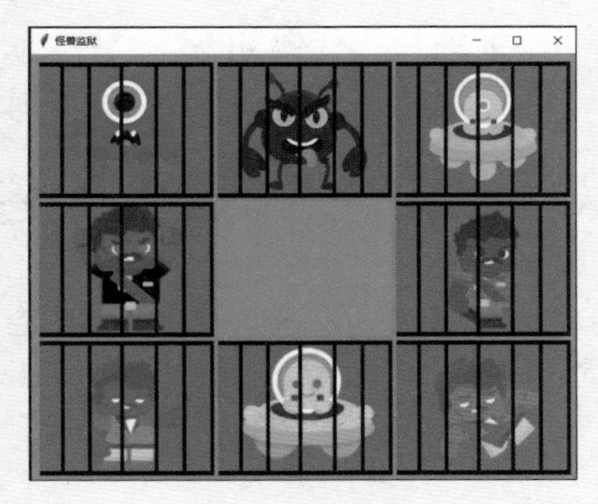

图 6.2 “怪兽监狱”里的怪兽

6.2 设计中心控制区

界面的中间部分是中心控制区，和智能快递柜的设计思路很相似。在这个区域，我们不但要输入监狱房间号，还要输入这个房间号对应的密码。所以这里有两个 Entry 控件。除此之外，我们还需要设置三个 Label 控件和一个确认按钮。在控件较多的情况下，设计好坐标位置和控件的尺寸至关重要，代码如下。

```
    # 中心控制区
    label_txt1 = Label(root, text="怪兽监狱", fg="white",
bg="yellowgreen", font="Helvetic 20 bold")
    label_txt1.place(x=250, y=180)
    label1_txt2 = Label(root, text="房间号：", bg=
"yellowgreen", font="Helvetic 10 bold")
    label1_txt2.place(x=240, y=230)
    ety1 = Entry(root)
    ety1.place(x=300, y=225, width=100, height=30)
    label1_txt3 = Label(root, text="密码：", bg=
"yellowgreen", font="Helvetic 10 bold")
    label1_txt3.place(x=240, y=265)
    ety2 = Entry(root)
```

```
ety2.place(x=300, y=260, width=100, height=30)
btn = Button(root, text=" 确认 ", bg="orange")
btn.place(x=260, y=300, width=100)
```

“怪兽监狱”的整体外观的设计已经完成了，运行代码，如图6.3所示，一起来看看效果吧！

图 6.3　“怪兽监狱”的整体外观

6.3　打开房间门的逻辑

要想打开房监狱房间的门，不仅要输入正确的房间号，还要输入对应的正确的密码。房间号和密码是一一对应的，我们用字典来存储。每个键值对的键为房间号，是一个数字；每个键值对的键值是对应密码，是字符串类型，所以密码也可以设计成带英文字母的形式，代码如下。

```
goods = {
    1: "a111",
    2: "b222",
    3: "c333",
    4: "d444",
    5: "e555",
    6: "f666",
    7: "g777",
```

```
    8: "h888"
}
```

通过 Entry.get() 语句分别获得输入的房间号和对应的密码。因为房间号是数字类型的数据，所以要通过 int() 转化一下。房间号和密码要同时正确，所以在条件判断时需要用 and 连接两个条件。如果房间号和密码同时正确，就在 Label 控件上显示“门已开！”，否则就显示“输入错误！”，代码如下。

```
def open():
    num_door = int(ety1.get())
    password = ety2.get()
    if num_door in goods and password == goods[num_door]:
        label_txt1.config(text="门已开！", fg="red")
    else:
        label_txt1.config(text="输入错误！", fg="red")
```

从上面的代码中可以看到，通过 in 判断输入的房间号是不是存在于字典中，再通过字典取值的方式，获得输入的房间号对应的密码，最后将对应的密码与输入的密码进行比较。运行代码，两种情形下的结果如图 6.4 所示。

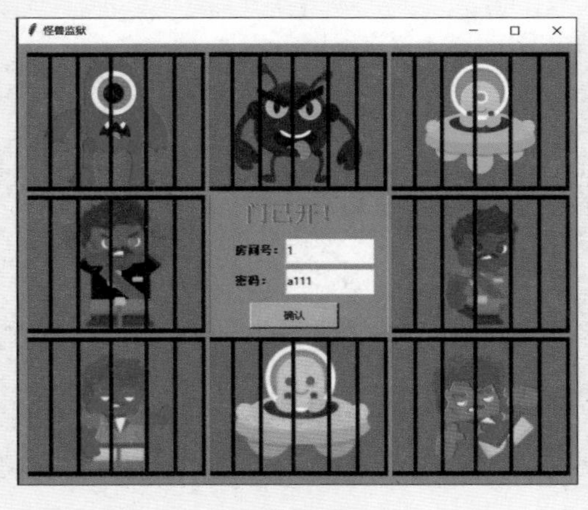

（a）输入的密码正确时

（b）输入的密码错误时

图 6.4　输入的密码正确 / 错误时的两种情形

运行代码，当输入正确时我们已经可以看到“门已开！”的文字提示，但是门并没有开呀！还差最后一步，把 Label 控件上带铁栅栏的图片换为没有铁栅栏的图片，如图 6.5 所示。

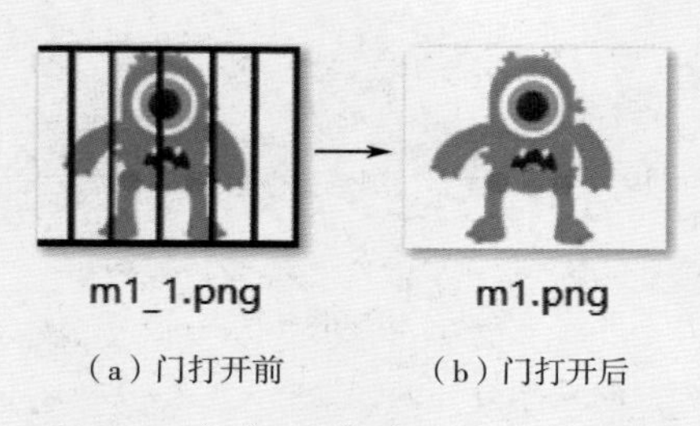

（a）门打开前　　（b）门打开后

图 6.5　门打开前 / 后图片的对比

我们还是先加载图片，代码如下。

```
img1 = PhotoImage(file="m1.png")
img2 = PhotoImage(file="m2.png")
img3 = PhotoImage(file="m3.png")
img4 = PhotoImage(file="m4.png")
img5 = PhotoImage(file="m5.png")
img6 = PhotoImage(file="m6.png")
img7 = PhotoImage(file="m7.png")
img8 = PhotoImage(file="m8.png")
```

当输入的密码正确时，通过 config() 语句更改对应 Label 控件的图片属性 image。房间号、对应的 Label 控件名称、对应的图片名称都是相关的，例如，1 号房间的 Label 控件名称是 Label1，对应的图片名称是 img1.png。利用这个规律，通过 evel() 函数就可以简化代码，逻辑与上一章智能快递柜应用是一样的，代码如下。

```
img = eval("img" + str(num_door))
mylabel = eval("label" + str(num_door))
mylabel.config(text="", bg="grey", image=img)
```

确认按钮最终绑定函数，函数的代码如下。

```
def open():
    num_door = int(ety1.get())
    password = ety2.get()
    if num_door in goods and password == goods[num_door]:
        label_txt1.config(text="门已开！", fg="red")
        img = eval("img" + str(num_door))
        mylabel = eval("label" + str(num_door))
        mylabel.config(text="", bg="grey", image=img)
    else:
        label_txt1.config(text="输入错误！", fg="red")
```

将上面的函数绑定到确认按钮上，代码如下。

```
btn = Button(root, text="确认", bg="orange", command=open)
```

运行代码，如图 6.6 所示，我们可以打开任意一扇门了。

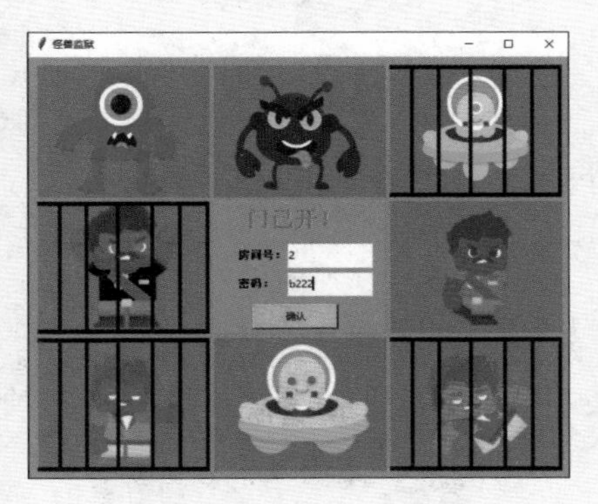

图 6.6　打开“怪兽监狱”的门

“怪兽监狱”的应用完成了，完整代码如下。

```
from tkinter import *

goods = {
    1: "a111",
    2: "b222",
    3: "c333",
    4: "d444",
```

```
    5: "e555",
    6: "f666",
    7: "g777",
    8: "h888"
}

def open():
    global img1, img2
    num_door = int(ety1.get())
    password = ety2.get()
    if num_door in goods and password == goods[num_door]:
        lab_txt1.config(text="门已开！", fg="red")
        img = eval("img" + str(num_door))
        mylab = eval("lab" + str(num_door))
        mylab.config(text="", bg="grey", image=img)
    else:
        lab_txt1.config(text="输入错误！", fg="red")

root = Tk()
root.title("怪兽监狱")
root.config(bg="tan3")
root.geometry("630x510")
img1 = PhotoImage(file="m1.png")
img2 = PhotoImage(file="m2.png")
img3 = PhotoImage(file="m3.png")
img4 = PhotoImage(file="m4.png")
img5 = PhotoImage(file="m5.png")
img6 = PhotoImage(file="m6.png")
img7 = PhotoImage(file="m7.png")
img8 = PhotoImage(file="m8.png")

img1_1 = PhotoImage(file="m1_1.png")
img2_1 = PhotoImage(file="m2_1.png")
img3_1 = PhotoImage(file="m3_1.png")
```

```
    img4_1 = PhotoImage(file="m4_1.png")
    img5_1 = PhotoImage(file="m5_1.png")
    img6_1 = PhotoImage(file="m6_1.png")
    img7_1 = PhotoImage(file="m7_1.png")
    img8_1 = PhotoImage(file="m8_1.png")
    # 第一排
    lab1 = Label(root, fg="white", bg="grey", image=
img1_1)
    lab1.place(x=10, y=10, width=200, height=160)
    lab2 = Label(root, fg="white", bg="grey", image=
img2_1)
    lab2.place(x=215, y=10, width=200, height=160)
    lab3 = Label(root, fg="white", bg="grey", image=
img3_1)
    lab3.place(x=420, y=10, width=200, height=160)
    # 第二排
    lab4 = Label(root, fg="white", bg="grey", image=
img4_1)
    lab4.place(x=10, y=175, width=200, height=160)
    lab_k = Label(root, fg="white", bg="yellowgreen")
    lab_k.place(x=215, y=175, width=200, height=160)
    lab5 = Label(root, fg="white", bg="grey", image=
img5_1)
    lab5.place(x=420, y=175, width=200, height=160)
    # 第三排
    lab6 = Label(root, fg="white", bg="grey", image=
img6_1)
    lab6.place(x=10, y=340, width=200, height=160)
    lab7 = Label(root, fg="white", bg="grey", image=
img7_1)
    lab7.place(x=215, y=340, width=200, height=160)
    lab8 = Label(root, fg="white", bg="grey", image=
img8_1)
    lab8.place(x=420, y=340, width=200, height=160)
```

```
    # 中心控制区
    lab_txt1 = Label(root, text="怪兽监狱", fg="white",
bg="yellowgreen", font="Helvetic 20 bold")
    lab_txt1.place(x=250, y=180)
    lab1_txt2 = Label(root, text="房间号：",
bg="yellowgreen", font="Helvetic 10 bold")
    lab1_txt2.place(x=240, y=230)
    ety1 = Entry(root)
    ety1.place(x=300, y=225, width=100, height=30)
    lab1_txt3 = Label(root, text="密码：",
bg="yellowgreen", font="Helvetic 10 bold")
    lab1_txt3.place(x=240, y=265)
    ety2 = Entry(root)
    ety2.place(x=300, y=260, width=100, height=30)
    btn = Button(root, text="确认", bg="orange", command=
open)
    btn.place(x=260, y=300, width=100)

    root.mainloop()
```

将智能快递柜应用的代码稍做修改，就变成了“怪兽监狱”应用。你学会了吗？下一章我们继续升级，思考一下我们还能把智能快递柜应用改造成什么呢？

第七章

幸运大转盘

重点知识

1. 理解抽奖程序的核心逻辑
2. 巩固用程序模拟生活中常见场景的方法和技巧
3. 掌握抽奖过程中转盘转动效果的实现技巧

你参加过抽奖活动吗？班级活动中会有抽奖，超市促销会有抽奖，线上购物会有抽奖，电子游戏中也会有抽奖……在抽奖之前你有什么感受呢？中奖之后你又有什么感受呢？相信很多人都喜欢抽奖活动带来的惊喜。这一章我们就来做一个抽奖程序，让你随时随地可以给自己和别人制造惊喜。

幸运大转盘应用的代码也是在智能快递柜应用的基础上进行修改完善的。同样的程序换一个场景，稍做修改就会变成一个全新的应用。一起来体验一下吧！

幸运大转盘共有八个奖品，呈九宫格形式分布，如图 7.1 所示。中间是控制区，点击“开始抽奖”按钮，程序就开始运行，各个奖品的背景按顺时针方向依次变色，最后随机停在一个奖品上，这个奖品即为最终结果。

图 7.1　幸运大转盘

7.1　创建窗口并添加奖品

我们先来创建窗口并添加奖品选项。奖品选项用 Label 控件显示，由于奖品是一直可以看见的，所以一开始就需要把奖品图片在 Label 控件上显示。

这部分的逻辑与前面两章的几乎一样，这里不再赘述。如果有不清楚的地方，可以翻看前两章的内容，代码如下。

```
from tkinter import *

root = Tk()
root.title("幸运大转盘")
root.config(bg="purple")
root.geometry("630x510")
img1 = PhotoImage(file="1.png")
img2 = PhotoImage(file="2.png")
```

```
    img3 = PhotoImage(file="3.png")
    img4 = PhotoImage(file="4.png")
    img5 = PhotoImage(file="5.png")
    img6 = PhotoImage(file="6.png")
    img7 = PhotoImage(file="7.png")
    img8 = PhotoImage(file="8.png")
    # 第一排
    label1 = Label(root, fg="white", bg="gold", image=
img1)
    label1.place(x=10, y=10, width=200, height=160)
    label2 = Label(root, fg="white", bg="gold", image=
img2)
    label2.place(x=215, y=10, width=200, height=160)
    label3 = Label(root, fg="white", bg="gold", image=
img3)
    label3.place(x=420, y=10, width=200, height=160)
    # 第二排
    label8 = Label(root, fg="white", bg="gold", image=
img4)
    label8.place(x=10, y=175, width=200, height=160)
    label_k = Label(root, fg="white", bg="pink")
    label_k.place(x=215, y=175, width=200, height=160)
    label4 = Label(root, fg="white", bg="gold", image=
img5)
    label4.place(x=420, y=175, width=200, height=160)
    # 第三排
    label7 = Label(root, fg="white", bg="gold", image=
img6)
    label7.place(x=10, y=340, width=200, height=160)
    label6 = Label(root, fg="white", bg="gold, image=img7)
    label6.place(x=215, y=340, width=200, height=160)
    label5 = Label(root, fg="white", bg="gold", image=
img8)
    label5.place(x=420, y=340, width=200, height=160)
```

```
root.mainloop()
```

这里需要强调的是，为了方便后面抽奖的过程，各个 Label 控件的名称的序号是按顺时针的方向排列的，如图 7.2 所示。

Label1	Label2	Label3
Label8	控制区 Label_k	Label4
Label7	Label6	Label5

图 7.2　Label 控件的排列

运行代码，如图 7.3 所示，我们得到了抽奖程序的界面。接下来我们来实现抽奖功能。

图 7.3　抽奖程序的界面

7.2 抽奖程序的核心逻辑

抽奖功能由中心控制区实现。这里有标题的 Label 控件和一个按钮，先来创建控件并布局，代码如下。

```
    label_txt = Label(root, text=" 幸运转盘 ", fg="white",
bg="pink", font="Helvetic 20 bold")
    label_txt.place(x=250, y=210)
    btn = Button(root, text=" 开始抽奖 ", bg="orange")
    btn.place(x=260, y=260, width=100, height=50)
```

下面我们来实现这个应用最核心的功能 —— 抽奖。

抽奖开始后，从第一个奖品的 Label 控件开始，按照顺时针方向，图片背景依次变为红色，代码如下。

```
    for i in range(8):
        label = eval("label" + str(i + 1))
        label.config(bg="red")
```

可是这样会让所有奖品的 Label 控件的背景几乎同时变为红色。我们可以用 time 库中的 sleep() 函数来控制一下节奏，代码如下。

```
    from time import *

    for i in range(8):
        label = eval("label" + str(i + 1))
        label.config(bg="red")
        sleep(0.2)
```

运行代码，我们会发现等待了几秒之后还是会出现同时选中几个奖品的情形。这里我们可以添加一行 root.update() 语句，让程序及时更新，代码如下。

```
for i in range(8):
    label = eval("label" + str(i + 1))
    label.config(bg="red")
    root.update()
    sleep(0.2)
```

运行代码，如图 7.4 所示，这样就可以看到从第一个奖品开始各个奖品依次被选中的效果啦！

图 7.4　奖品依次被选中的效果

可是我们只需要每次选中一个奖品，而不是依次选中所有的奖品。我们可以在每次选中一个新的奖品之前，先让所有奖品的 Label 控件的背景变为原来默认的颜色。这样就可以实现选中单个奖品的效果啦，代码如下。

```
for i in range(8):
    # 让所有控件的背景变为原来的颜色
    for j in range(1, 9):
        label_1 = eval("label" + str(j))
        label_1.config(bg="gold")
    # 选择新的奖品选项
```

```
        label = eval("label" + str(i + 1))
        label.config(bg="red")
        root.update()
        sleep(0.2)
```

抽奖功能基本实现了，但还有一个问题，每次都是从 label1 开始选择，最后总是选中 label8。这么确定的结果一点儿也不像抽奖，所以我们要加入随机数，让每次选择奖品的次数不再固定是 8 次，而是随机的。

同时应该注意，Label 的名称编号是 1 ~ 8，所以用语句 label = eval("label" + str(i % 8 + 1)) 来限定名字的范围，代码如下。

```
from random import *

n = randint(5, 20)  # 选项变化次数
for i in range(n):
    ......
    label = eval("lab" + str(i % 8 + 1))
    ......
```

最后一步，上面所有的抽奖代码应该封装成一个函数，绑定在按钮上，代码如下。

```
def luck():
    n = randint(5, 20)  # 选项变化次数
    for i in range(n):  # label 命名从 label1 开始
        # 让所有控件的背景变为原来的颜色
        for j in range(1, 9):
            label_1 = eval("label" + str(j))
            label_1.config(bg="gold")
        label = eval("label" + str(i % 8 + 1))
        label.config(bg="red")
        root.update()
        sleep(0.2)
......
btn = Button(root, text=" 开始抽奖 ", bg="orange", command=
luck)
```

这样我们就完成了幸运大转盘程序的编写。运行代码，我们就得到了如图 7.1 所示的幸运大转盘，幸运大转盘的完整代码如下。

```
from tkinter import *
from time import *
from random import *

def luck():
    n = randint(5, 20)   # 选项变化次数
    for i in range(n):   # label 命名从 label1 开始
        # 让所有控件的背景变为原来的颜色
        for j in range(1, 9):
            label_1 = eval("label" + str(j))
            label_1.config(bg="gold")
        label = eval("label" + str(i % 8 + 1))
        label.config(bg="red")
        root.update()
        sleep(0.2)


root = Tk()
root.title(" 幸运大转盘 ")
root.config(bg="purple")
root.geometry("630x510")
img1 = PhotoImage(file="1.png")
img2 = PhotoImage(file="2.png")
img3 = PhotoImage(file="3.png")
img4 = PhotoImage(file="4.png")
img5 = PhotoImage(file="5.png")
img6 = PhotoImage(file="6.png")
img7 = PhotoImage(file="7.png")
img8 = PhotoImage(file="8.png")

# 第一排
label1 = Label(root, fg="white", bg="gold", image=
```

```
img1)
    label1.place(x=10, y=10, width=200, height=160)
    label2 = Label(root, fg="white", bg="gold", image=
img2)
    label2.place(x=215, y=10, width=200, height=160)
    label3 = Label(root, fg="white", bg="gold", image=
img3)
    label3.place(x=420, y=10, width=200, height=160)
    # 第二排
    label8 = Label(root, fg="white", bg="gold", image=
img4)
    label8.place(x=10, y=175, width=200, height=160)
    label_k = Label(root, fg="white", bg="pink")
    label_k.place(x=215, y=175, width=200, height=160)
    label4 = Label(root, fg="white", bg="gold", image=
img5)
    label4.place(x=420, y=175, width=200, height=160)
    # 第三排
    label7 = Label(root, fg="white", bg="gold", image=
img6)
    label7.place(x=10, y=340, width=200, height=160)
    label6 = Label(root, fg="white", bg="gold", image=
img7)
    label6.place(x=215, y=340, width=200, height=160)
    label5 = Label(root, fg="white", bg="gold", image=
img8)
    label5.place(x=420, y=340, width=200, height=160)

    # 中心控制区
    label_txt = Label(root, text="幸运转盘", fg="white",
bg="pink", font="Helvetic 20 bold")
    label_txt.place(x=250, y=210)
    btn = Button(root, text="开始抽奖", bg="orange", command=
luck)
```

```
btn.place(x=260, y=260, width=100, height=50)

root.mainloop()
```

我们可以把这个程序用在各种活动的抽奖环节。再修改一下，还能拓展很多场景。例如，决定今天由谁做家务，玩什么游戏，吃什么饭，谁当队长…… 编程创作，一半靠代码水平，一半靠创意和想法。通过本章的学习，你还能创作哪些应用程序呢？

第八章

登录界面

重点知识

1. 掌握顶层窗口控件 Toplevel 的使用方法
2. 熟悉在 Toplevel 控件里添加新控件的方法
3. 掌握登录界面的逻辑原理和实现方法

我们对登录界面肯定不陌生，许多带有用户名和密码的应用都需要登录界面。这一章我们就来做一个有登录界面的小应用。

8.1 登录界面的设计

登录界面的设计比较简单，创建窗口后我们就可以用控件进行设计了。首先用 Label 控件来显示标题，登录需要输入正确的用户名和密码，所以需要两个 Entry 控件分别获得这两项信息，然后需要两个 Label 控件对 Entry 控件输入的内容进行提示，最后需要一个确认按钮来执行登录操作。

为了增强信息的保密性，输入密码的输入框一般显示为"*"。我们可以在创建 Entry 控件时通过 show = "*"进行设置，代码如下。

```
ety2 = Entry(root, show="*")
```

其他步骤的代码比较简单，登录界面的完整代码如下。

```
from tkinter import *

root = Tk()
root.title(" 登录 ")
root.geometry("600x400")
root.config(bg="steelblue4")

label_txt1 = Label(root, text=" 我的专属秘密基地 ", fg=
"white", bg="steelblue4", font="Helvetic 18  bold")
label_txt1.place(x=195, y=100)
label1_txt2 = Label(root, text=" 账号 ", fg="white",
bg="steelblue3", font="Helvetic 10 bold")
label1_txt2.place(x=200, y=150, width=50, height=26)
label1_txt3 = Label(root, text=" 密码 ", fg="white",
bg="steelblue3", font="Helvetic 10 bold")
label1_txt3.place(x=200, y=185, width=50, height=26)
ety1 = Entry(root)
ety1.place(x=252, y=150, width=150, height=26)
ety2 = Entry(root, show="*")
ety2.place(x=252, y=185, width=150, height=26)
btn = Button(root, text=" 确 认 ", bg="yellowgreen")
btn.place(x=200, y=220, width=202, height=30)

root.mainloop()
```

运行代码，结果如图 8.1 所示。

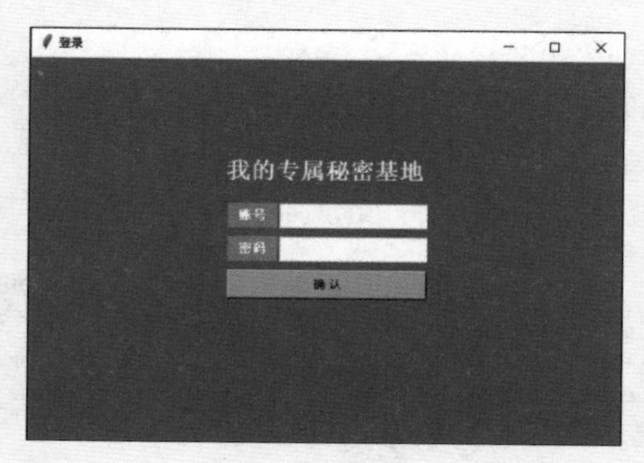

图 8.1　登录界面

登录界面已经准备好了，下面我们准备编写按钮事件。

8.2　登录的逻辑

首先要设置一个正确的用户名和密码，我们用两个全局变量存储，代码如下。

```
name = "robot"
password = "abc123"
```

当我们在登录界面输入用户名和密码之后，只有当用户名和密码同时正确时，才能登录成功。所以这两个条件需要用 and 连接。

如果两项信息都正确，会在标题 Label 控件上显示登录成功的信息；如果用户名或密码其中一项信息是错误的，就会在标题 Label 控件上显示登录失败的信息，代码如下。

```
def click():
    global name, password
    if ety1.get() == name and ety2.get() == password:
        label_txt1.config(text="恭喜登录成功！ ", fg=
"yellowgreen")
    else:
        label_txt1.config(text="信息错误，登录失败！ ",
fg="red")
```

我们将定义好的函数绑定在确认按钮上，代码如下。

```
    btn = Button(root, text="确 认", bg="yellowgreen", command=
click)
```

运行代码，如图 8.2 和 8.3 所示，两种情形均能实现，程序已经完成了预期的功能。

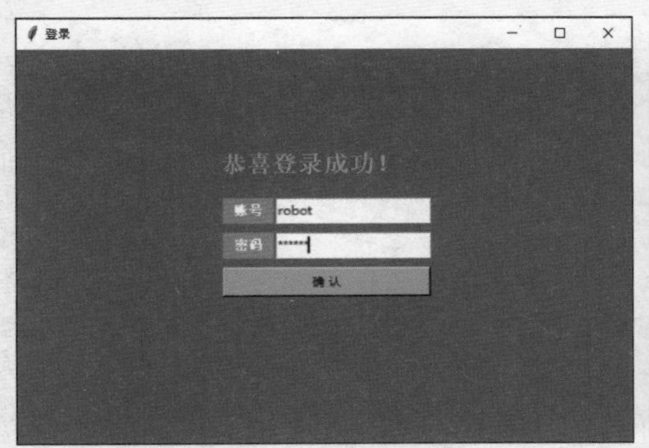

图 8.2　登录成功

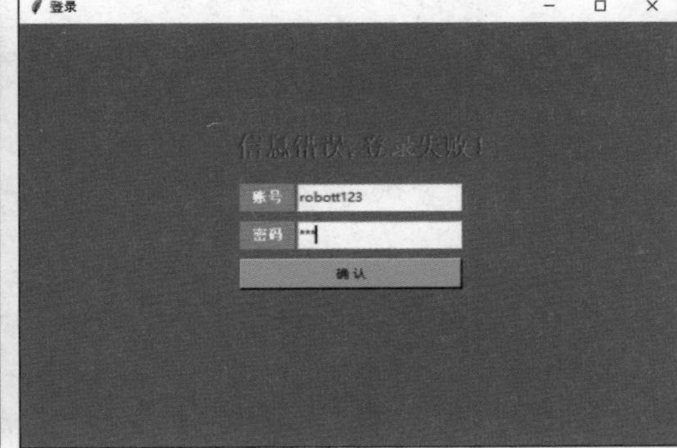

图 8.3　登录失败

8.3　打开新的窗口 —— 顶层窗口组件

当登录成功后，我们需要打开一个新的窗口，这就用到了一个新的控件 —— Toplevel，也就是顶层窗口控件。非常简单，代码如下。

```
    t1 = Toplevel(width=700, height=430)
```

在上面的代码中，我们可以看到，通过参数 width 和 height 可以设置 Toplevel 控件的宽和高。其实它与通过 Tk() 生成的 root 窗口非常像，也可以通过 title() 语句设置标题（代码如下），通过 geometry() 语句设置大小等。当然也可以直接向 Toplevel 控件添加其他控件。

```
    t1.title("我的秘密")
```

我们先向 TopLevel 控件里添加一个 Label 控件，方法与之前的很相似，只不过第一个参数变为 Toplevel 控件的名称，代码如下。

```
label = Label(t1, text="我有一个秘密,下周末要去这里探险！ ")
label.place(x=0, y=0)
```

运行代码，如图 8.4 所示，新的窗口正确地显示了带文字的 Label 控件。

图 8.4　弹出的新的窗口

新的窗口太空旷了，我们可以再显示一张藏宝图，这可以通过重新添加一个 Label 控件来显示图片。其实在同一个 Label 控件里可以同时显示图片和文字，只要我们在创建 Label 控件时同时加上 text 和 image 属性。

当图片和文字同时在一个 Label 控件里时，需要说明图片与文字的相对位置，这通过 compound 函数实现，具体说明如表格 8.1 所示。

表 8.1　compound 参数的说明

compound 参数	说明
left	图片在文字左边
right	图片在文字右边
top	图片在文字上方
bottom	图片在文字下方
center	文字覆盖在图片上

所以，既有藏宝图又有文字说明的 Label 控件的代码如下。

```
    img_cangbao = PhotoImage(file="藏宝图 .png")
    label = Label(t1, text="我有个秘密，下周末要去这里探险！",
image=img_cangbao, compound="top")
    label.place(x=0, y=0)
```

运行代码，如图 8.5 所示，我们可以看见藏宝图和文字说明了。

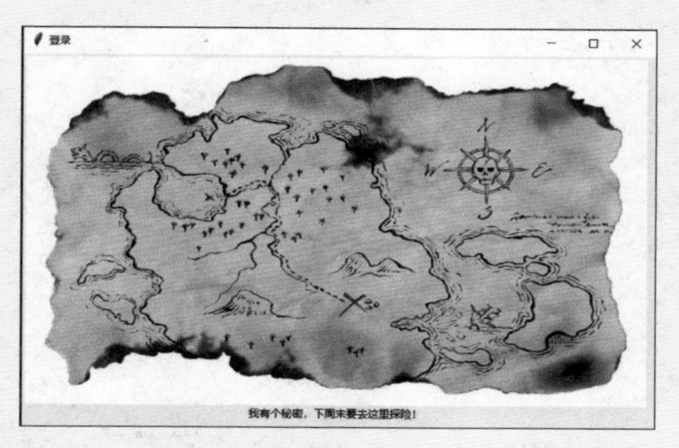

图 8.5　带文字说明的藏宝图

我们将 Toplevel 控件的相关代码封装成一个函数 open()，当登录成功时，再调用这个函数，展示秘密信息，代码如下。

```
    def open():
        global img_cangbao
        t1 = Toplevel(width=700, height=430)
        label = Label(t1, text="我有一个秘密,下周末要去这里探险！",
                          image=img_cangbao, compound="top")
        label.place(x=0, y=0)
```

登录成功，再调用这个函数，代码如下。

```
    if ety1.get() == name and ety2.get() == password:
        label_txt1.config(text="恭喜登录成功！", fg=
"yellowgreen")
        open()  # 登录成功才显示秘密信息
```

我们已经完成了一个登录界面的创建，并且能够在登录成功后显示秘密信息。这个程序的完整代码如下。

```
from tkinter import *

# 账户名和密码
name = "robot"
password = "abc123"

def click():
    global name, password
    if ety1.get() == name and ety2.get() == password:
        label_txt1.config(text=" 恭喜登录成功！ ", fg=
"yellowgreen")
        open()  # 登录成功才显示秘密信息
    else:
        label_txt1.config(text=" 信息错误，登录失败！ ",
fg="red")

def open():
    global img_cangbao
    t1 = Toplevel(width=700, height=430)
    t1.title(" 我的秘密 ")
    label = Label(t1, text="我有一个秘密,下周末要去这里探险！ ",
                  image=img_cangbao, compound="top")
    label.place(x=0, y=0)

root = Tk()
root.title(" 登录 ")
root.geometry("600x400")
root.config(bg="steelblue4")
img_cangbao = PhotoImage(file=" 藏宝图 .png")

label_txt1 = Label(root, text=" 我的专属秘密基地 ", fg=
```

```
"white",bg="steelblue4", font="Helvetic 18 bold")
    label_txt1.place(x=195, y=100)
    label1_txt2 = Label(root, text="账号", fg="white",
bg="steelblue3", font="Helvetic 10 bold")
    label1_txt2.place(x=200, y=150, width=50, height=26)
    label1_txt3 = Label(root, text="密码", fg="white",
bg="steelblue3", font="Helvetic 10 bold")
    label1_txt3.place(x=200, y=185, width=50, height=26)
    ety1 = Entry(root)
    ety1.place(x=252, y=150, width=150, height=26)
    ety2 = Entry(root, show="*")
    ety2.place(x=252, y=185, width=150, height=26)
    btn = Button(root, text="确 认", bg="yellowgreen", command=
click)
    btn.place(x=200, y=220, width=202, height=30)

    root.mainloop()
```

学会了创建登录界面，你就可以制作更高级的应用了。所有你想设置用户名和密码的地方都可以用本章的内容进行升级。同时你也可以设置不同种类的用户，以及登录成功后看到的内容……快来想一想要怎么做吧！

第九章

简易版记事本

重点知识

1. 掌握文件保存和读取的方法
2. 熟悉控件 Text 的使用方法

几乎每台计算机里都有记事本应用。这一章我们利用 Text 控件做一个记事本应用，同时对记事本进行个性化设置。接下来我们就开始吧！

9.1 信息保存到文件的方法

记事本中最核心的功能是将信息保存到文件里。实现这个操作一般需要三个步骤：打开文件、存入信息、关闭文件。

打开文件通过 open() 函数实现，open() 函数一般有两个参数：第一个参数是函数名，第二个参数是模式参数。例如，下面的这行代码就可以打开一个名为 1.txt 的文件，模式为“w”，也就是写入模式（write）。

这个打开的文件被复制给一个变量 file，后面的代码中直接用 file 来代替这个文件进行操作。

```
file = open("1.txt", "w")
```

下面我们来写入信息，这通过 write() 函数来完成，要写入的信息以字符串的形式放在 write 后面的括号里。例如，我们要将“我爱编程”这句话写入文件中，代码如下。

```
file.write(" 我爱编程 ")
```

写入信息完毕，别忘了关闭文件。这个操作很简单，直接用 close() 函数完成，代码如下。

```
file.close()
```

把前面的三行代码整合在一起，文件保存信息的完整过程的代码如下。

```
file = open("1.txt", "w")
file.write(" 我爱编程 ")
file.close()
```

运行代码，如图 9.1 所示，文件 1.txt 里已经写入了“我爱编程”这句话。

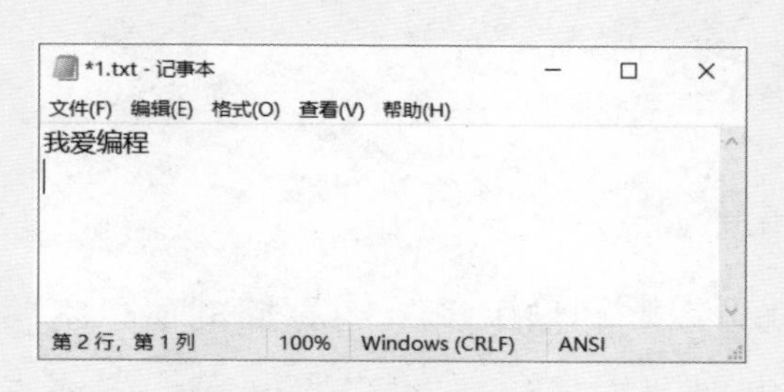

图 9.1　信息保存到文件

在“w”模式下，如果文件不存在，就会直接新建一个文件。但如果已经有这个文件而且文件里已经存储了内容，在“w”模式下会清空原来的信息内容并重新写入新的内容。

如果想保留原来文件中已经存储的信息内容，就需要在“a”模式下。

这样新的信息内容就会添加在原来的信息内容的后面。在“a”模式下，如果没有指定文件的名称，也会新建一个文件，代码如下。

```
file = open("1.txt", "a")
file.write("你也爱编程")
file.close()
```

除了上述的通过三步模式存储内容的方法，还有一种更简洁的实现方式，即with方法，这种方法可以省去关闭文件的操作过程，存储内容后会自动关闭，代码如下。

```
with open("1.txt", "w") as file:
    file.write("他也爱编程")
```

9.2 读取文件的方法

与保存对应的是读取，在代码层面上可以通过三个步骤实现，打开文件、读取文件、关闭文件。第一步通过open()函数打开文件，这时需要在“r”模式下；第二步使用read()函数，这里不需要参数；第三步关闭文件，与信息保存到文件时的close()函数完全一致，代码如下。

```
file = open("1.txt", "r")
content = file.read()
file.close()
print(content)
```

运行代码，就可以顺利输出1.txt中存储的信息内容。

与信息保存到文件时一样，也可以通过with方法省略close()语句，代码如下。

```
with open("1.txt", "r") as file:
    content = file.read()
print(content)
```

信息保存到文件和读取文件的操作已经学完了。总结一下 read() 函数的三种最常见模式：

w —— 写入模式。如果文件存在，就会覆盖原来文件的信息内容，否则新建文件。

r —— 读取模式。

a —— 追加写入模式。如果文件存在，在原来文件的信息内容后面追加新的信息内容，否则新建文件。

9.3　记事本的界面

学会了文件操作的方法，我们可以开始制作记事本的界面了，先来做一个简易的界面，如图 9.2 所示，界面只包括一个输入区和三个功能按钮。

图 9.2　记事本的界面

我们学过的 Entry 控件可以满足单行输入的需求，但记事本需要写多行内容。这就需要一个新的控件 —— Text，创建方法如下。

```
txt = Text(root, font="黑体 10  normal")
txt.place(x=0, y=0, width=600, height=360)
```

从代码中可以看出，我们在创建 Text 控件时，对字体、控件的宽和高进行了设置。

下面是三个按钮的创建及布局，包括保存按钮、读取按钮和清屏按钮。这里的代码我们已经学习过很多遍了。最终，记事本界面的代码如下。

```
from tkinter import *
root = Tk()
root.title("我的记事本")
root.geometry("600x400")
txt = Text(root, font="黑体 10  normal")
txt.place(x=0, y=0, width=600, height=360)
btn1 = Button(root, text="保存")
btn1.place(x=250, y=365)
btn2 = Button(root, text="读取")
btn2.place(x=300, y=365)
btn3 = Button(root, text="清屏")
btn3.place(x=350, y=365)
root.mainloop()
```

9.4 为按钮绑定事件

接下来我们分别为三个按钮绑定事件。

保存信息到文件和读取文件的方法在本章前两节就已经学过了，我们需要把对应的代码封装成函数，再通过 command 绑定到按钮上。

界面上保存按钮对应的函数定义及绑定操作的代码如下。

```
# 定义保存按钮对应的函数
def savefun():
    content = txt.get("1.0", END)
```

```
    filename = "1.txt"
    with open(filename, "w") as file:
        file.write(content)
# 为保存按钮绑定函数
btn1 = Button(root, text=" 保存 ", command=savefun)
```

界面上读取按钮对应的函数定义及绑定操作的代码如下。

```
# 定义读取按钮对应的函数
def readfun():
    filename = "1.txt"
    with open(filename, "r") as file:
        content = file.read()
    txt.insert(END, content)
# 为读取按钮绑定函数
btn2 = Button(root, text=" 读取 ", command=readfun)
```

最后一个按钮对应的是清屏功能。清除 Text 控件的内容需要用到 delete()。定位删除范围需要用到 Text 控件的索引。Text 控件的索引采用“行 . 列”的形式，行的序号从 1 开始，列的序号从 0 开始，例如，索引“2.3”表示第 2 行第 4 列的字符。同理可得，索引“1.0”表示第 1 行第 1 列的字符即起始字符。字符串 "end" 或 END 可以代表最后一个字符。

所以界面上清屏按钮对应的函数定义及绑定操作的代码如下。

```
# 定义清屏按钮对应的函数
def clearfun():
    txt.delete("1.0", END)
# 为清屏按钮绑定函数
btn3 = Button(root, text=" 清屏 ", command=clearfun)
```

至此，我们已经完成了简易版记事本的全部设计，代码如下。

```
from tkinter import *

def savefun():
    content = txt.get("1.0", END)
    filename = "1.txt"
    with open(filename, "w") as file:
        file.write(content)

def readfun():
    filename = "1.txt"
    with open(filename, "r") as file:
        content = file.read()
    txt.insert(END, content)

def clearfun():
    txt.delete("1.0", "end")

root = Tk()
root.title("我的记事本")
root.geometry("600x400")
txt = Text(root, font="黑体 10  normal")
txt.place(x=0, y=0, width=600, height=360)
btn1 = Button(root, text="保存", command=savefun)
btn1.place(x=250, y=365)
btn2 = Button(root, text="读取", command=readfun)
btn2.place(x=300, y=365)
btn3 = Button(root, text="清屏", command=clearfun)
btn3.place(x=350, y=365)
root.mainloop()
```

我们可以根据自己的喜好改变各个控件的属性，如改变颜色、字体、样式，这就是学编程的乐趣之一——可以随心所欲地创造自己想要的、喜欢的工具。下一章我们接着升级简易版记事本，你也可以提前思考一下改造计划哦！

第十章

升级版记事本

重点知识

1. 掌握菜单组件的使用方法
2. 熟悉二级菜单的设置方法
3. 理解记事本的实现原理和个性记事本的制作思路

菜单是很多应用程序的必备元素，这一章我们用菜单来升级简易版记事本应用。接下来，我们就开始吧！

10.1 顶层菜单

为应用添加菜单需要使用 Menu 控件。添加最简单的菜单需要三个步骤：创建顶层菜单、添加菜单选项和显示菜单。

创建顶层菜单就是创建一个 Menu 控件，和创建其他控件一样，将 root 作为第一个参数，代码如下。

```
menubar = Menu(root) # 创建顶层菜单
```

接下来在创建好的Menu控件里添加选项，需要用到add_command()，label参数用于设置选项的文字，command用于绑定点击这个选项后触发的函数。这里三个选项对应的函数还是上一章中的保存按钮、读取按钮和清屏按钮对应的函数，没有修改。

```
menubar.add_command(label="保存", command=savefun)
# 添加菜单选项
menubar.add_command(label="读取", command=readfun)
# 添加菜单选项
menubar.add_command(label="清屏", command=clearfun)
# 添加菜单选项
```

最后把菜单显示出来。通过config()函数，将menu属性赋值为顶层菜单的变量名，代码如下。

```
root.config(menu=menubar) # 显示菜单
```

所以，最简单的菜单的核心代码如下。

```
menubar = Menu(root)  # 创建顶层菜单
menubar.add_command(label="保存", command=savefun)
# 添加菜单选项
menubar.add_command(label="读取", command=readfun)
# 添加菜单选项
menubar.add_command(label="清屏", command=clearfun)
# 添加菜单选项
root.config(menu=menubar)  # 显示菜单
```

运行代码，如图10.1所示。经过改进后，记事本增加了顶层菜单，且能够正确地实现保存、读取和清屏功能，看起来高级多了。

图 10.1 记事本的顶层菜单

目前，记事本的完整代码如下。

```
from tkinter import *

def savefun():
    content = txt.get("1.0", END)
    filename = "1.txt"
    with open(filename, "w") as file:
        file.write(content)

def readfun():
    filename = "1.txt"
    with open(filename, "r") as file:
        content = file.read()
    txt.insert(END, content)

def clearfun():
    txt.delete("1.0", "end")

root = Tk()
root.title(" 我的记事本 ")
root.geometry("600x400")
txt = Text(root, font="Helvetic 10  normal")
txt.place(x=0, y=0, width=600, height=400)
```

```
menubar = Menu(root)  # 创建顶层菜单
menubar.add_command(label=" 保存 ", command=savefun)
# 添加菜单选项
menubar.add_command(label=" 读取 ", command=readfun)
# 添加菜单选项
menubar.add_command(label=" 清屏 ", command=clearfun)
# 添加菜单选项
root.config(menu=menubar)  # 显示菜单
root.mainloop()
```

10.2 二级菜单

假如我们要在菜单中添加很多功能，用前面学习的顶层菜单来实现，就可能出现没有地方放、不美观或不好找的情形，这时我们就可以考虑创建二级菜单。

创建二级菜单分为五个步骤，与上一节学习的顶层菜单相比，增加了创建二级菜单、将二级菜单绑定到顶层菜单这两个步骤。改造后的二级菜单的核心代码如下。

```
menubar = Menu(root)  # 创建顶层菜单
filemenu = Menu(menubar, tearoff=False) # 创建二级菜单
menubar.add_cascade(label=" 文件 ", menu=filemenu)
# 将二级菜单添加到顶层菜单并设置显示内容
filemenu.add_command(label=" 保存 ", command=savefun)
# 向二级菜单添加选项
filemenu.add_command(label=" 读取 ", command=readfun)
# 向二级菜单添加选项
root.config(menu=menubar)  # 显示菜单
```

需要说明的是，顶层菜单中可以同时包含二级菜单和非二级菜单，例如，我们可以把前面的清屏功能以非二级菜单的形式显示，代码如下。

```
menubar = Menu(root)
# 二级菜单
filemenu = Menu(menubar, tearoff=False)
menubar.add_cascade(label=" 文件 ", menu=filemenu)
# 将二级菜单添加到顶层菜单并设置显示内容
filemenu.add_command(label=" 保存 ", command=savefun)
# 向二级菜单添加选项
filemenu.add_command(label=" 读取 ", command=readfun)
# 向二级菜单添加选项
# 非二级菜单
menubar.add_command(label=" 清屏 ", command=clearfun)
root.config(menu=menubar)
```

运行代码，如图 10.2 所示，我们看到了记事本的二级菜单的布局，一切都如我们所愿。

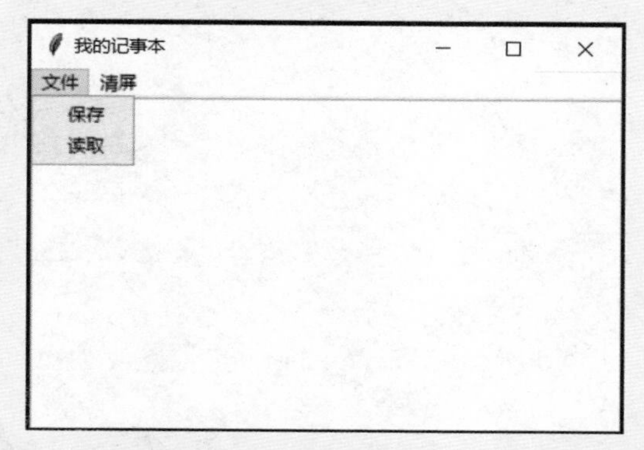

图 10.2　记事本的二级菜单的布局

不知道你有没有发现，在创建二级菜单时，有一个 tearoff 属性，我们一直将它设置为 False。它代表二级菜单能否从窗口中分离，默认是 True，也就是默认可以分离。

我们将 tearoff 属性设置为 True，运行代码。我们发现二级菜单上面出现了一条虚线，点击这条虚线，二级菜单就会从窗口分离，单独成为一个窗口，如图 10.3 所示。

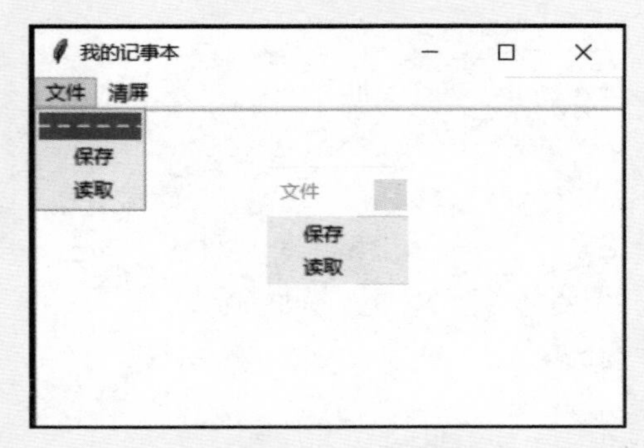

图 10.3　记事本的二级菜单从窗口分离

10.3　升级版记事本

学会了二级菜单的使用方法，我们就可以设计功能更加丰富的记事本啦！我们可以改变文字、背景的颜色。我们还可以设置一个编辑的二级按钮，代码如下。

```
    filemenu2 = Menu(menubar, tearoff=False)
    menubar.add_cascade(label=" 编辑 ", menu=filemenu2)
    filemenu2.add_command(label=" 随机字体颜色 ", command=
change_color_font)
    filemenu2.add_command(label=" 随机背景颜色 ", command=
change_color_bg)
    filemenu2.add_command(label=" 恢复默认颜色 ", command=
normal_color)
    filemenu2.add_command(label=" 清屏 ", command=clearfun)
```

我们分别定义对应的函数，代码如下。

```
    bg_color_list = ["lightyellow", "tan", "pink", "skyblue",
"yellowgreen"]
    font_color_list = ["black", "brown", "red", "blue",
"purple"]
```

```
# 改变字体颜色的函数
def change_color_font():
    c = choice(font_color_list)
    txt.config(fg=c)

# 改变背景颜色的函数
def change_color_bg():
    c = choice(bg_color_list)
    txt.config(bg=c)

# 恢复默认颜色的函数
def normal_color():
    txt.config(fg="black", bg="white")

# 清屏函数
def clearfun():
    txt.delete("1.0", END)
```

接下来，我们继续优化程序。我们还可以放大或缩小字号，也可以设置一个“查看”的二级菜单，代码如下。

```
filemenu3 = Menu(menubar, tearoff=False)
menubar.add_cascade(label="查看", menu=filemenu3)
filemenu3.add_command(label="放大", command=bigger)
filemenu3.add_command(label="缩小", command=smaller)
filemenu3.add_command(label="恢复默认大小", command=
normal_font_size)
```

设置对应的函数，代码如下。

```
fontsize = 1
# 增大字号的函数
def bigger():
    global fontsize
    fontsize += 5
```

```
        txt.config(font="Helvetic " + str(fontsize) +
"normal")

    # 缩小字号的函数
    def smaller():
        global fontsize
        fontsize -= 5
        if fontsize < 5:
            fontsize = 5
        txt.config(font="Helvetic " + str(fontsize) +
"normal")

    # 恢复默认字号的函数
    def normal_font_size():
        txt.config(font="Helvetic 10  normal")
```

最后再设置一个退出菜单，系统已经自带这个函数，所以不用再自定义了。

```
    menubar.add_command(label=" 退出 ", command=root.quit)
```

运行代码，如图10.4所示，每个功能都是我们自己定义的，是不是感觉很有成就感呢？

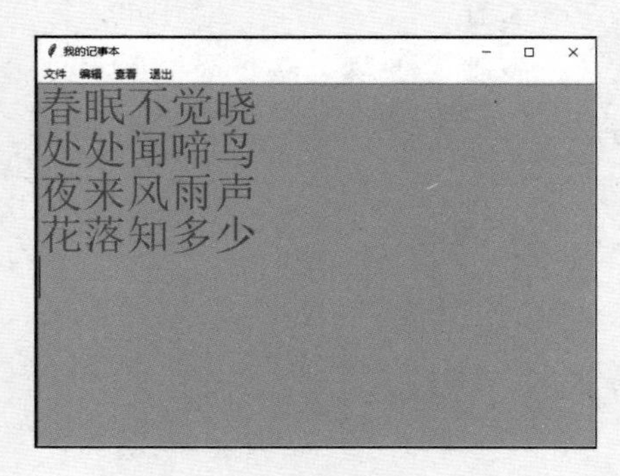

图10.4　升级版记事本

升级版记事本的完整代码如下。

```
from tkinter import *
from random import *

bg_color_list = ["lightyellow", "tan", "pink", "skyblue",
"yellowgreen"]
font_color_list = ["black", "brown", "red", "blue",
"purple"]
fontsize = 10

def savefun():
    content = txt.get("1.0", END)
    filename = "1.txt"
    with open(filename, "w") as file:
        file.write(content)

def readfun():
    filename = "1.txt"
    with open(filename, "r") as file:
        content = file.read()
    txt.insert(END, content)

# 改变字体颜色的函数
def change_color_font():
    c = choice(font_color_list)
    txt.config(fg=c)

# 改变背景颜色的函数
def change_color_bg():
    c = choice(bg_color_list)
    txt.config(bg=c)

# 恢复默认颜色的函数
def normal_color():
```

```
        txt.config(fg="black", bg="white")

    # 清屏函数
    def clearfun():
        txt.delete("1.0", END)

    # 增大字号的函数
    def bigger():
        global fontsize
        fontsize += 5
        txt.config(font="Helvetic " + str(fontsize) + "normal")

    # 缩小字号的函数
    def smaller():
        global fontsize
        fontsize -= 5
        if fontsize < 5:
            fontsize = 5
        txt.config(font="Helvetic " + str(fontsize) +
"normal")

    # 恢复默认字号的函数
    def normal_font_size():
    txt.config(font="Helvetic 10  normal")

    root = Tk()
    root.title(" 我的记事本 ")
    root.geometry("600x400")

    menubar = Menu(root)  # 创建顶层菜单
    filemenu = Menu(menubar, tearoff=False)  # 创建二级菜单
    # 将二级菜单添加到顶层菜单并设置显示内容
    menubar.add_cascade(label=" 文件 ", menu=filemenu)
    # 向二级菜单添加选项
```

```
    filemenu.add_command(label=" 保存 ", command=savefun)
    # 向二级菜单添加选项
    filemenu.add_command(label=" 读取 ", command=readfun)

    filemenu2 = Menu(menubar, tearoff=False)
    menubar.add_cascade(label=" 编辑 ", menu=filemenu2)
    filemenu2.add_command(label=" 随机字体颜色 ", command=
change_color_font)
    filemenu2.add_command(label=" 随机背景颜色 ", command=
change_color_bg)
    filemenu2.add_command(label=" 恢复默认颜色 ", command=
normal_color)
    filemenu2.add_command(label=" 清屏 ", command=clearfun)

    filemenu3 = Menu(menubar, tearoff=False)
    menubar.add_cascade(label=" 查看 ", menu=filemenu3)
    filemenu3.add_command(label=" 放大 ", command=bigger)
    filemenu3.add_command(label=" 缩小 ", command=smaller)
    filemenu3.add_command(label=" 恢复默认大小 ", command=
normal_font_size)

    menubar.add_command(label=" 退出 ", command=root.quit)
    root.config(menu=menubar)

    txt = Text(root, font="Helvetic 10  normal")
    txt.place(x=0, y=0, width=600, height=400)
    root.mainloop()
```

升级版记事本程序已经完成了，你满意吗？你还能从哪些角度改造这个升级版记事本呢？

第十一章

智能答题系统

重点知识

1. 掌握变量类的使用方法
2. 学习选项按钮控件的使用方法
3. 理解单项选择题目的实现方法

许多的考试、调研、学习都是在线上进行的，可能都需要一个对应的智能答题系统，答完题后，人们第一时间就能知道答题的成绩或对应的答案，非常方便。本章我们也来做一个智能答题系统。

11.1 选项按钮控件与变量类

一道题目分为题目描述和选项两个部分，题目描述部分用 Label 控件显示文字；选项部分需要使用一个新的控件 —— Radiobutton 控件。

选项按钮 Radiobutton 控件可以用鼠标点击的方式选择，并且一道题目只能选择一个答案，也就是说这个控件适用于单项选择题。

创建选项一般有五个参数：容器对象 root、选项文字 text、选项按钮变量 variable、选项按钮的值 value、选项绑定的事件函数，示例代码如下。

```
    rbtn1 = Radiobutton(root, text="左手", variable=var,
value=1, command=select)
```

这里比较难理解的是选项变量 variable。一道选择题有多个选项，记录用户选择需要一个变量。同一道单项选择题只能选择一个选项，所以同一道题的各个选项需要用同一个变量，但是每个选项对应的变量的值 value 是不一样的。也就是说同一道题的各个选项使用同一个 variable 变量，当选择不同的选项时，就会将对应的 value 赋值给 variable 变量。

这里的变量需要使用 tkinter 库中的变量类，所以在我们设置一道单项选择题时需要先通过变量类创建一个变量。变量一共有四种，分别为整型变量、浮点型变量、字符串变量、布尔型变量，创建方法如表格 11.1 所示。

表 11.1 变量的创建方法

变量类型	创建方法
整型变量	n = IntVar()
浮点型变量	n = DoubleVar()
字符串变量	s = StringVar()
布尔型变量	b = BooleanVar()

例如，我们可以先创建一个整型变量，并通过 set() 函数为其赋值为 1，也可以通过 get() 函数来获得变量的值，代码如下。

```
    var = IntVar()
    var.set(1)
    num = var.get()
```

11.2 从出一道题开始

我们先从出一道题开始吧！先来回答“你用哪只手写字？”，答案只能是左手或右手，所以设置两个选项。

我们先创建一个整型变量 var，当选择左手时值为 1，选择右手时值为 2，代码如下。

```
# 创建变量
var = IntVar()
var.set(1)
# 题目描述
lab = Label(root, text="你用哪只手写字？")
lab.place(x=20, y=10)
# 两个选项
rbtn1 = Radiobutton(root, text="左手", variable=var,
value=1, command=select)
rbtn1.place(x=20, y=50)
rbtn2 = Radiobutton(root, text="右手", variable=var,
value=2, command=select)
rbtn2.place(x=20, y=90)
```

两个选项绑定的是 select() 函数。通过 get() 函数获得变量的值，再根据变量的值来修改这个 Label 控件显示的文字，代码如下。

```
def select():
    num = var.get()
    if num == 1:
        lab.config(text="你用左手写字")
    else:
        lab.config(text="你用右手写字")
```

即使只出一道题，我们也要创建窗口，代码如下。

```
from tkinter import *

def select():
    num = var.get()
    if num == 1:
        lab.config(text=" 你用左手写字 ")
    else:
        lab.config(text=" 你用右手写字 ")

root = Tk()
root.title(" 测试 ")
root.geometry("200x150")

# 创建变量
var = IntVar()
var.set(1)
# 题目描述
lab = Label(root, text=" 你用哪只手写字？ ")
lab.place(x=20, y=10)
# 两个选项
rbtn1 = Radiobutton(root, text=" 左手 ", variable=var,
value=1, command=select)
rbtn1.place(x=20, y=50)
rbtn2 = Radiobutton(root, text=" 右手 ", variable=var,
value=2, command=select)
rbtn2.place(x=20, y=90)

root.mainloop()
```

运行代码，如图 11.1 所示，我们可以看到正确的答题界面。

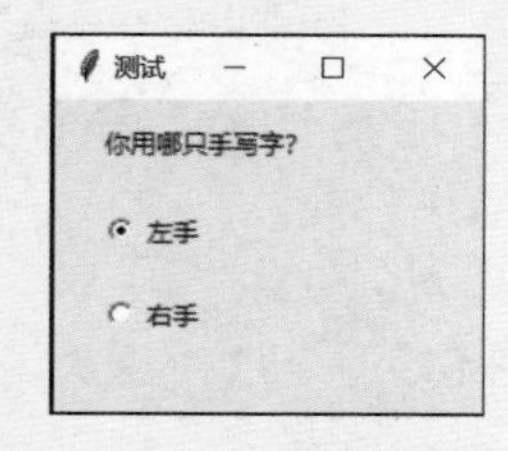

图 11.1　答题界面

当选择某个选项时，Label控件也会根据我们的要求更改显示的文字。

11.3 添加多道题

想要添加多道题，就是将前面出一道题的过程多次重复。需要注意的是，每道题都需要有一个单独的变量类。

例如，我们来出一道古诗题，代码如下。

```
# 第1道题
var1 = IntVar()
var1.set(3)
lab1 = Label(root, text="1.春眠不觉晓，__________？ ")
lab1.place(x=50, y=80)
rbtn1_1 = Radiobutton(root, text="处处蚊子咬", variable=var1, value=0, command=select1)
rbtn1_1.place(x=50, y=100)
rbtn1_2 = Radiobutton(root, text="处处闻啼鸟", variable=var1, value=1, command=select1)
rbtn1_2.place(x=50, y=120)
```

从上面的代码中，我们可以看出第一道题设置了一个整型变量var1。选项绑定的select()函数也会根据这个变量对应的value值来判断我们是否答对。例如，你选择了第二个选项，var1被赋值为value的值，也就是1。在select1()函数中就会判断当变量var1为1时回答正确，代码如下。

```
def select1():
    global score
    num = var1.get()
    if num == 1:
        print("恭喜得分！ ")
```

```
    else:
        print("再想一想！")
```

用同样的方式，我们可以出第二道题，代码如下。

```
# 第2道题
var2 = IntVar()
var2.set(3)
lab2 = Label(root, text="2. 谁是'诗仙'？")
lab2.place(x=50, y=150)
rbtn2_1 = Radiobutton(root, text="杜甫", variable=
var2, value=0, command=select2)
rbtn2_1.place(x=50, y=170)
rbtn2_2 = Radiobutton(root, text="李白", variable=
var2, value=1, command=select2)
rbtn2_2.place(x=50, y=190)

# 第2道题判题
def select2():
    global score
    num = var2.get()
    if num == 1:
        print("恭喜得分！")
    else:
        print("再想一想！")
```

学会了上面的方法，我们想出多少道题就能出多少道题。下面我们把答题系统包装一下，做一个更美观的应用。

11.4 综合应用——《金榜题名》

现在的答题系统还比较简陋，我们来包装一下。我们可以设计一个得分机制，一共三道题，答对一题得1分。得3分就显示高中状元；得

2分就显示高中榜眼；得1分就显示高中探花；得0分就显示名落孙山。

我们首先定义一个记录分数的全局变量score，初始值为0。每次答对就加1分，代码如下。

```
score = 0 # 记录分数变量

def select1():
    global score
    num = var1.get()
    if num == 1:
        score += 1 # 答对题目加一分
        print("恭喜得分！")
    else:
        print("再想一想！")
```

界面上添加一个“提交按钮”，点击这个按钮，程序就开始判卷，代码如下。

```
btn = Button(root, text="提交", command=check)
btn.place(x=125, y=310, width=50)
```

判卷函数的代码如下。

```
def check():
    global score
    if score >= 3:
        lab_title.config(text="高中状元！", fg="red")
    elif score == 2:
        lab_title.config(text="高中榜眼！", fg="pink")
    elif score == 1:
        lab_title.config(text="高中探花！", fg="purple")
    else:
        lab_title.config(text="名落孙山！", fg="grey")
```

观察上面的代码，不同的成绩会用不同的颜色显示对应的文字，如“高中状元”就用红色文字显示，“名落孙山”就用灰色文字显示，运行代码，如图 11.2 所示。

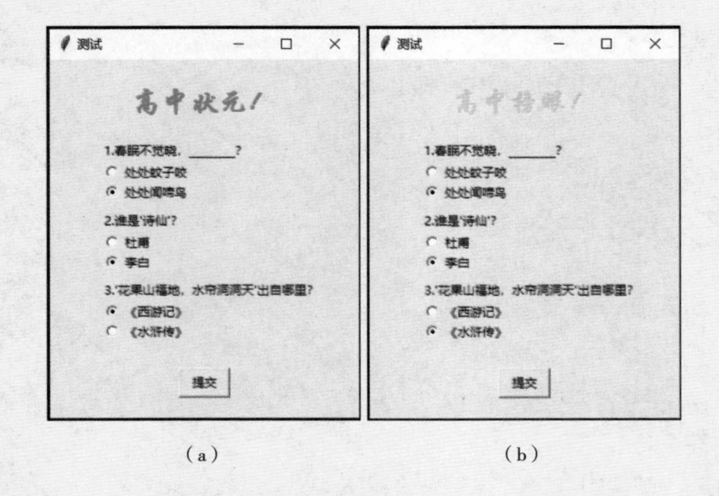

（a）　　（b）

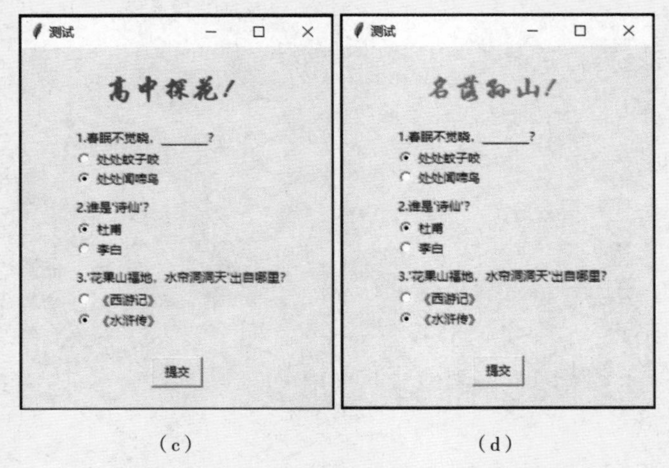

（c）　　（d）

图 11.2　答题系统不同得分情况下的界面

《金榜题名》程序的完整代码如下。

```
from tkinter import *

score = 0
def select1():
    global score
    num = var1.get()
```

```
    if num == 1:
        score += 1
        print("恭喜得分！")
    else:
        print("再想一想！")

def select2():
    global score
    num = var2.get()
    if num == 1:
        score += 1
        print("恭喜得分！")
    else:
        print("再想一想！")

def select3():
    global score
    num = var3.get()
    if num == 1:
        score += 1
        print("恭喜得分！")
    else:
        print("再想一想！")

def check():
    global score
    if score >= 3:
        lab_title.config(text="高中状元！", fg="red")
    elif score == 2:
        lab_title.config(text="高中榜眼！", fg="pink")
    elif score == 1:
        lab_title.config(text="高中探花！", fg="purple")
    else:
        lab_title.config(text="名落孙山！", fg="grey")
```

```
    root = Tk()
    root.title("测试")
    root.geometry("300x360")
    # 标题
    lab_title = Label(root, text="金榜题名测试", fg="gold",
font="华文行楷 20 bold")
    lab_title.place(x=50, y=20, width=200, height=50)

    # 第1道题
    var1 = IntVar()
    var1.set(3)
    lab1 = Label(root, text="1.春眠不觉晓，__________？")
    lab1.place(x=50, y=80)
    rbtn1_1 = Radiobutton(root, text="处处蚊子咬", variable=
var1, value=0, command=select1)
    rbtn1_1.place(x=50, y=100)
    rbtn1_2 = Radiobutton(root, text="处处闻啼鸟", variable=
var1, value=1, command=select1)
    rbtn1_2.place(x=50, y=120)

    # 第2道题
    var2 = IntVar()
    var2.set(3)
    lab2 = Label(root, text="2.谁是'诗仙'？")
    lab2.place(x=50, y=150)
    rbtn2_1 = Radiobutton(root, text="杜甫", variable=
var2, value=0, command=select2)
    rbtn2_1.place(x=50, y=170)
    rbtn2_2 = Radiobutton(root, text="李白", variable=
var2, value=1, command=select2)
    rbtn2_2.place(x=50, y=190)

    # 第3道题
```

```
    var3 = IntVar()
    var3.set(3)
    lab3 = Label(root, text="3.'花果山福地，水帘洞洞天'出自哪
里？")
    lab3.place(x=50, y=220)
    rbtn3_1 = Radiobutton(root, text="《西游记》", variable=
var3, value=1, command=select3)
    rbtn3_1.place(x=50, y=240)
    rbtn3_2 = Radiobutton(root, text="《水浒传》", variable=
var3, value=0, command=select3)
    rbtn3_2.place(x=50, y=260)

    btn = Button(root, text="提交", command=check)
    btn.place(x=125, y=310, width=50)
    root.mainloop()
```

智能答题系统已经做完了。你学会了吗？其实本章学习的内容可以用在各种各样的答题、测试场景中，如心理测试、默契度测试、星座答题、问卷调查等。你也来尝试着开发属于自己的智能答题测试系统吧！

| 第十二章 |

“整蛊”游戏

重点知识

1. 掌握 Messagebox 消息控件的使用方法
2. 熟悉“整蛊”游戏的制作思路和实现方法

在使用计算机、智能手机时，你一定遇到过弹窗的情况吧！弹出的窗口有时是为了提示重要信息，有时是让我们做出选择。本章我们就来学习弹窗的使用方法。

12.1 常见的弹窗组件

在 tkinter 库中，弹窗一般通过 Messagebox 消息控件实现。常见的消息控件有三种，但都大同小异。由于消息控件在 tkinter 库中的 Messagebox 模块中，所以在创建消息控件前需要引入这个模块，代码如下。

```
from tkinter import messagebox
```

第一种是showinfo消息窗口，这个消息窗口用于展示重要信息，并且有一个确认按钮。点击这个确认按钮，就会关闭消息框。创建语句中有两个参数，第一个为消息窗口的标题，第二个为消息窗口里的内容，代码如下。

```
messagebox.showinfo("标题","信息")
```

运行代码，如图12.1所示。

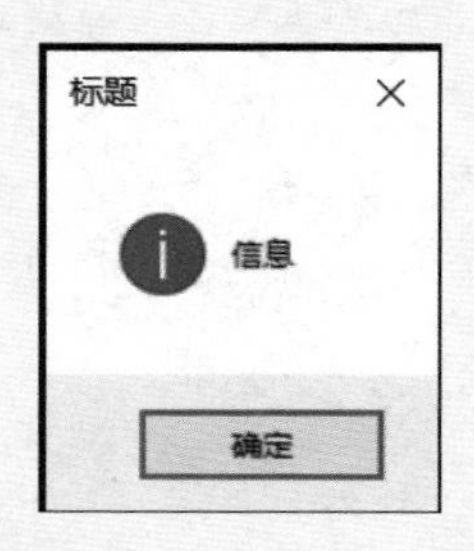

图12.1　showinfo消息窗口

第二种是askyesno消息窗口，这个消息窗口用于询问是、否。点击任何一个按钮都会关闭消息窗口。如果选择“是”，返回值为True；如果选择“否”，返回值为False。创建语句中也有两个参数，意义与showinfo的信息框一致，代码如下。

```
messagebox.askyesno("标题","信息")
```

运行代码，如图12.2所示。

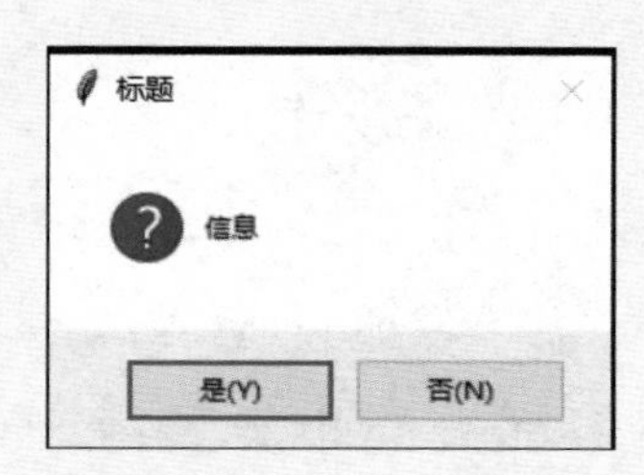

图12.2　askyesno消息窗口

第三种是askyesnocancel消息窗口，这个消息窗口用于询问是、否或

取消。点击任何一个按钮都会关闭消息窗口。如果选择“是”，返回值为 True；如果选择“否”，返回值为 False；如果选择“取消”，返回值为 None。两个参数的意义与 showinfo 的信息窗口一致，代码如下。

```
messagebox.askyesnocancel(" 标题 "," 信息 ")
```

运行代码，如图 12.3 所示。

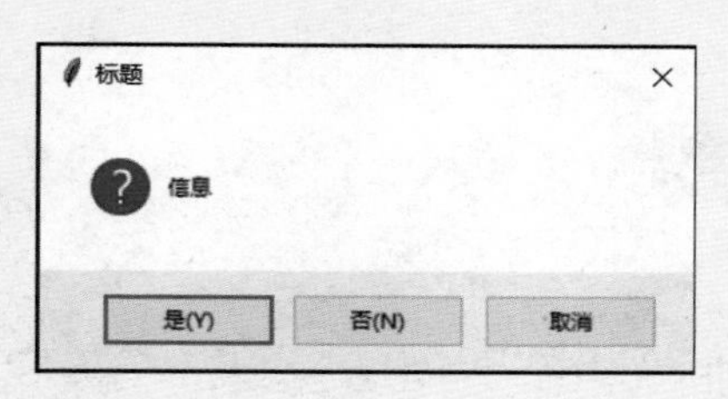

图 12.3　askyesnocancel 消息窗口

下面我们用消息窗口制作几个“整蛊”游戏应用，可以通过这几个程序娱乐一下，也可以向别人展示一下自己的编程水平哦！

12.2　“整蛊”游戏 1 —— 信息轰炸

先来一场信息轰炸吧，通过 for 循环语句反复调用同一个消息提示窗。关闭了一个窗口还有一个！这里我们比较善良，只设置了 10 次循环，如果设置成更大的循环数，那就和计算机病毒很像啦！代码如下。

```
from tkinter import *
from tkinter import messagebox
root = Tk()
for i in range(10):
    messagebox.showinfo(" 严重警告 ", " 请不要再嫉妒我的才华！ ")
root.mainloop()
```

运行代码，如图 12.4 所示。

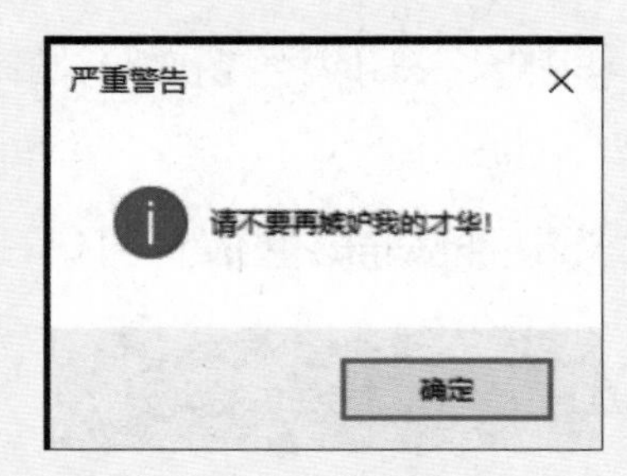

图 12.4　信息轰炸程序运行结果

12.3　“整蛊”游戏 2 —— 魔镜

还记得《白雪公主》中有一面魔镜吗？今天我们也可以做一个魔镜程序，弹窗问“我是不是世界上最美的人”。无论你选择哪个按钮，都会再次弹出消息窗口，代码如下。

```
from tkinter import *
from tkinter import messagebox
root = Tk()
n = messagebox.askyesnocancel(
    "魔镜程序", "魔镜魔镜，我是世界上最美的人吗？")
    # 返回值 True Fasle None
if n == True:
    messagebox.showinfo("同意的反馈", "我也是这么觉得的！")
elif n == False:
    messagebox.showinfo("不同意的反馈", "你敢说不是？")
elif n == None:
    messagebox.showinfo("取消的反馈", "为什么取消？")
root.mainloop()
```

运行代码，结果分别如图 12.5 和图 12.6 所示。

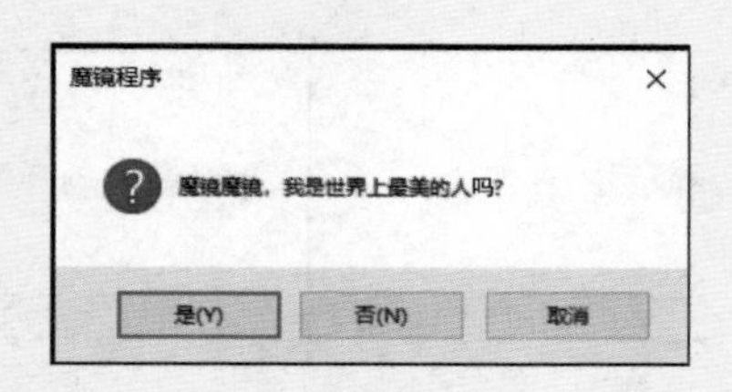

图 12.5　魔镜程序运行结果 1

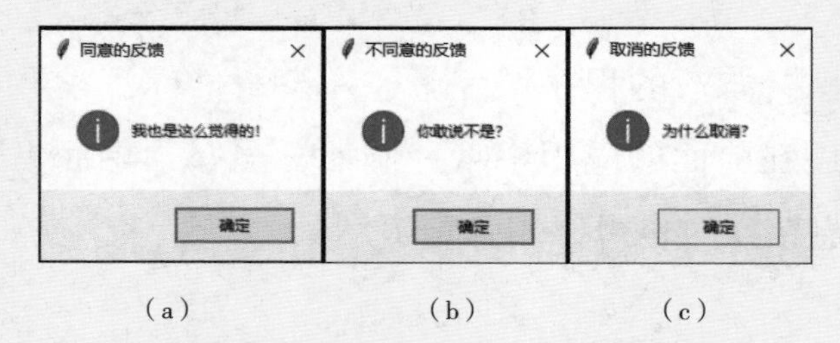

（a）　　（b）　　（c）

图 12.6　魔镜程序运行结果 2

12.4　“整蛊”游戏 3 —— 非答应不可

最后我们做一个游戏 —— 非答应不可。只要你不同意，总会弹出窗口再次提问，一直到你点击同意为止。这里我们使用了 while…else…语句，只要 while 后面的条件成立，就会一直重复运行循环代码，直到条件不满足才执行一次 else 后面的语句，最后结束，代码如下。

```
from tkinter import *
from tkinter import messagebox
root = Tk()
n = messagebox.askyesno("重要提示", "我帅吗？ ")
while n == False:
    n = messagebox.askyesno("重要提示", "我帅吗？ ")
else:
    messagebox.showinfo("过关提示", "回答非常正确！ ")
root.mainloop()
```

运行代码，结果如图 12.7 所示。

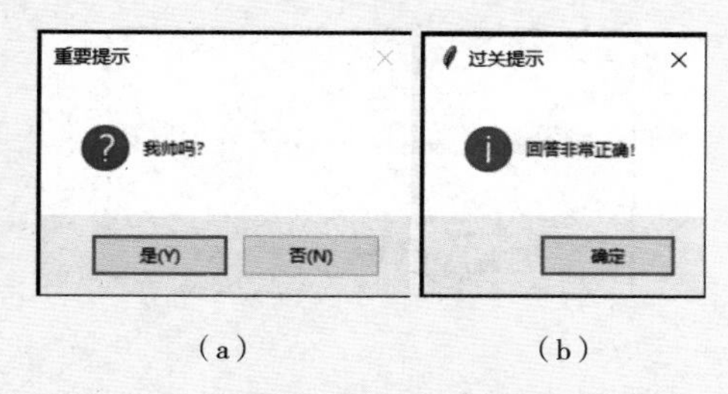

（a）　　　　　　（b）

图 12.7　程序不同的运行结果

几个“整蛊”游戏的程序做完了，弹窗组件你都学会了吗？你也可以把这个组件用在前面的应用中哦，例如，当登录界面失败时用弹窗提示，当输入信息错误时也可以用弹窗提示。

第十三章

麻辣烫自助点餐系统

重点知识

1. 掌握复选框 Checkbutton 控件的使用方法
2. 学习用字典简化程序书写的思路、技巧和实现方法
3. 熟悉简化多控件布局的方法与技巧

现在越来越多的餐厅开始使用自助点餐系统了，这样既能提高点餐下单的效率，也能降低人力成本，同时还能降低下单错误的概率，真是一举三得。用 tkinter 库能实现一个自助点餐系统吗？当然可以！很多同学喜欢吃麻辣烫，这一章我们就做一个麻辣烫自助点餐系统吧！

13.1 创建菜单窗口

先来创建一个窗口，添加 Label 控件的标题，代码如下。

```
from tkinter import *
root = Tk()
root.title("自助麻辣烫")
root.geometry("400x200")
lab_title = Label(root, text="麻辣烫自助点餐系统", font=
"黑体 20 bold")
lab_title.place(x=90, y=20)
root.mainloop()
```

运行代码，结果如图 13.1 所示。

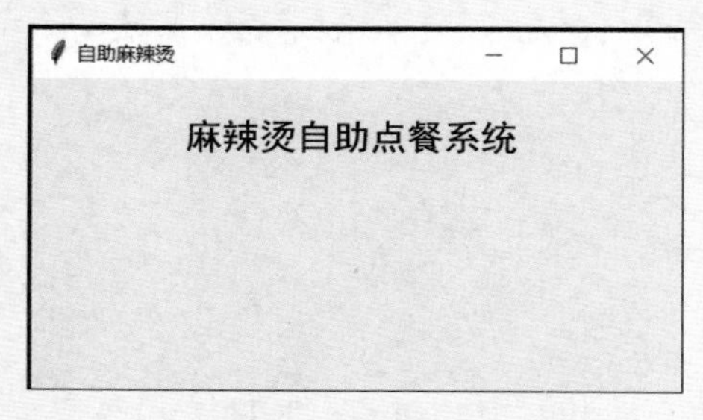

图 13.1　菜单窗口

窗口创建完毕，下面我们准备添加菜品选项。

13.2　不能只吃一种菜 —— 复选框 Checkbutton 控件

麻辣烫点菜和做选择题很像，你喜欢哪种菜选择对应的选项就可以了。但是我们吃麻辣烫不能只吃一种菜，所以之前学习的 Radiobutton 控件就不能满足要求了。我们需要一个能够支持选择多个选项的控件 —— Checkbutton 复选框控件。

Checkbutton 控件的使用方法与 Radiobutton 控件很相似，一般有三个参数：容器 root、选项文字 text 和选项变量 variable，示例代码如下。

```
cbtn1 = Checkbutton(root, text="大白菜", variable=var1)
```

由于复选框控件也需要使用变量类，所以创建一个选项之前需要先用变量类创建一个变量，如果选项被选中了，变量的值就会变为 1。所以创建一个选项的完整代码如下。

```
var1 = IntVar()
var1.set(0)
cbtn1 = Checkbutton(root, text=" 大白菜 ", variable=var1)
cbtn1.place(x=70, y=70)
```

运行代码，结果如图 13.2 所示。

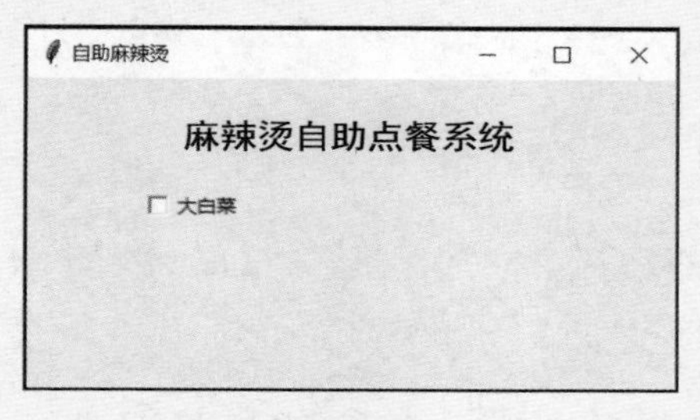

图 13.2　创建一个选项

多次重复上面的创建选项的过程，我们就可以得到多个选项，代码如下。

```
# 第 1 个选项
var1 = IntVar()
var1.set(0)
cbtn1 = Checkbutton(root, text=" 大白菜 ", variable=var1)
cbtn1.place(x=70, y=70)
# 第 2 个选项
var2 = IntVar()
var2.set(0)
cbtn2 = Checkbutton(root, text=" 木耳 ", variable=var2)
cbtn2.place(x=150, y=70)
# 第 3 个选项
var3 = IntVar()
var3.set(0)
```

```
cbtn3 = Checkbutton(root, text="青笋", variable=var3)
cbtn3.place(x=230, y=70)
```

运行代码，我们已经为菜单添加了三种菜品，如图 13.3 所示。

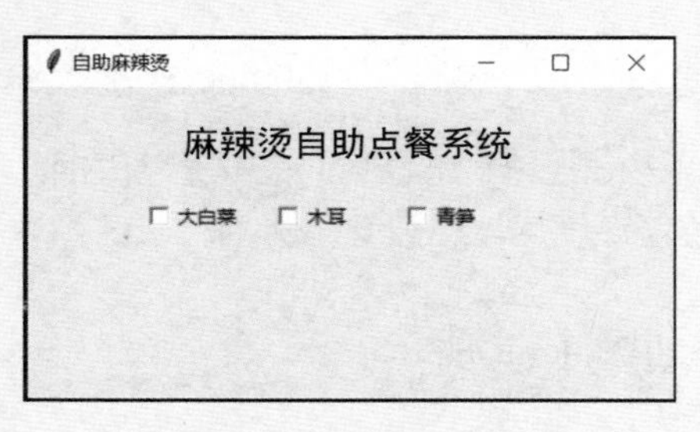

图 13.3　创建三个选项

13.3　点菜成功

菜单上已经有了菜品选项，我们可以点菜了。点菜完毕后还需要一个确认下单的按钮，我们先来创建一个吧，代码如下。

```
btn = Button(root, text="确认", command=check)
btn.place(x=150, y=120, width=80)
```

确认按钮需要绑定一个事件 check，在这个函数中，我们分别获得三个选项对应的变量。如果选项被选中了，变量的值就会变为 1，根据这特点我们就可以输出已经选中的菜品了，代码如下。

```
def check():
    num1 = var1.get()
    num2 = var2.get()
    num3 = var3.get()
    if num1 == 1:
        print("大白菜")
    if num2 == 1:
        print("木耳")
```

```
        if num3 == 1:
            print(" 青笋 ")
```

运行代码，完整的界面如图 13.4 所示，我们已经可以同时选择多个菜品。点击确认后就会在终端输出已经选择的菜品名称。

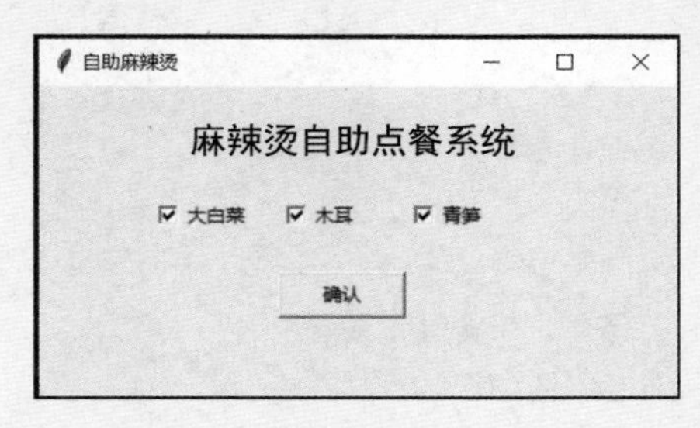

图 13.4　选中三种菜品

至此，一个最简易的麻辣烫自助点餐系统已经完成了，完整代码如下。

```
    from tkinter import *

    def check():
        num1 = var1.get()
        num2 = var2.get()
        num3 = var3.get()
        if num1 == 1:
            print(" 大白菜 ")
        if num2 == 1:
            print(" 木耳 ")
        if num3 == 1:
            print(" 青笋 ")

    root = Tk()
    root.title(" 自助麻辣烫 ")
    root.geometry("400x200")
    lab_title = Label(root, text=" 麻辣烫自助点餐系统 ", font=
" 黑体 20 bold")
    lab_title.place(x=90, y=20)
```

```
var1 = IntVar()
var1.set(0)
cbtn1 = Checkbutton(root, text="大白菜", variable=var1)
cbtn1.place(x=70, y=70)

var2 = IntVar()
var2.set(0)
cbtn2 = Checkbutton(root, text="木耳", variable=var2)
cbtn2.place(x=150, y=70)

var3 = IntVar()
var3.set(0)
cbtn3 = Checkbutton(root, text="青笋", variable=var3)
cbtn3.place(x=230, y=70)

btn = Button(root, text="确认", command=check)
btn.place(x=150, y=120, width=80)
root.mainloop()
```

13.4 升级版麻辣烫自助点餐系统

前面的麻辣烫自助点餐系统还比较粗糙，我们来改进一下，让这个系统更加完美。

我们先把菜品丰富一下，这需要很多个复选框控件，逐个地添加太麻烦了，我们用一种更加简洁的方式来实现。先来创建两个字典，第一个是菜单，元素是由序号和菜品名组成的键值对；第二个是记录已点菜品选项变量的空字典，代码如下。

```
# 菜单
fooddic = {0: "牛丸", 1: '龙虾球', 2: '培根', 3: '豆干',
```

```
4: '宽粉', 5: '海带', 6: '菠菜', 7: '生菜', 8: '香菇',
9: '拉面', 10: '粉丝', 11: '方便面'}
    # 已选菜品
    select = {}
```

下面是批量创建 Checkbutton 控件。这段代码的逻辑比较复杂，需要反复、仔细地研究。菜单字典有多少个元素，就通过 for 循环语句创建多少个控件。同时，每创建一个选项就新建一个整型变量存到字典 select 里，这个字典的键值对是由菜品编号和变量组成的，并且菜品编号与在菜单字典 fooddict 里是一致的。正是由于这种编号的一致性，我们才可以通过语句 Checkbutton(root, text=fooddic[i], variable=select[i]) 批量创建选项，并能保证每个选项的文字和变量是一一对应的。

这段代码在坐标布局上也使用了一定的技巧，四个选项一行，所以在设置横坐标时对 4 取余，通过判断其与 4 取余结果为 0 来进一步判断是否应该换行来设置纵坐标，代码如下。

```
    btn_y = 40
    for i in range(len(fooddic)):
        select[i] = IntVar()
        cbtn = Checkbutton(root, text=fooddic[i], variable=
select[i])
        btn_x = 70 + (i % 4) * 65
        if i % 4 == 0:
            btn_y += 30
        cbtn.place(x=btn_x, y=btn_y)
```

运行上面这段简洁且逻辑复杂的代码，如图 13.5 所示，我们得到了一个更加复杂的界面。

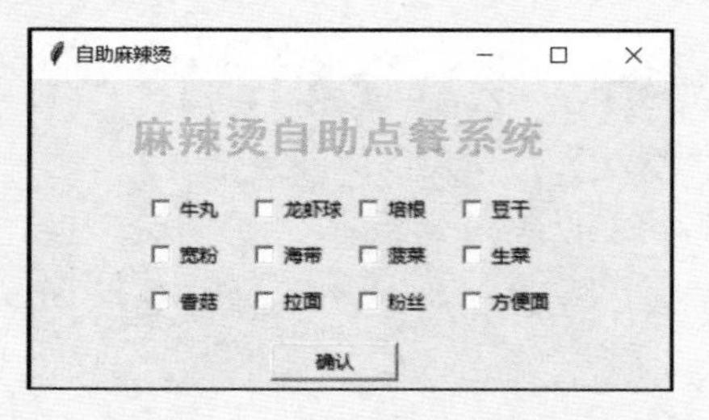

图 13.5　点餐系统复杂的界面

下面来设计确认按钮绑定的事件函数 check()。由于选项的变量都存储在了字典 select 中，我们需要遍历这个字典并依次通过 get() 语句获取数值，如果值为 1，也就是选项被选中，就输出这个菜品名称，代码如下。

```
def check():
    txt = "您已经点的菜品有："
    for k in select:
        if select[k].get() == 1:
            txt += fooddic[k] + "、"
    print(txt)
```

最后我们再把前面学习的 Messagebox 控件加上，目的是确认菜品信息。

```
from tkinter import messagebox

def check():
    ......
    m = messagebox.askyesno("请确认菜单", txt)
    if m == True:
        messagebox.showinfo("点餐完毕", "菜已下锅，片刻
就好！")
```

点击运行，我们的麻辣烫自助点餐系统终于能够实现想要的点餐功能了，如图 13.6 所示。当我们选择完菜品并点击确认按钮后，就会弹出确认菜单的弹窗，如图 13.7 所示。如图 13.8 所示，再次点击确认就会弹出“菜已下锅，片刻就好！”的消息弹窗！自动点餐过程非常流畅。

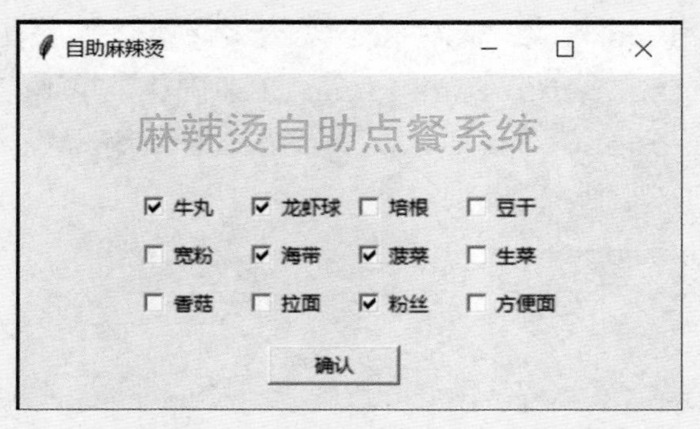

图 13.6　麻辣烫自助点餐系统界面

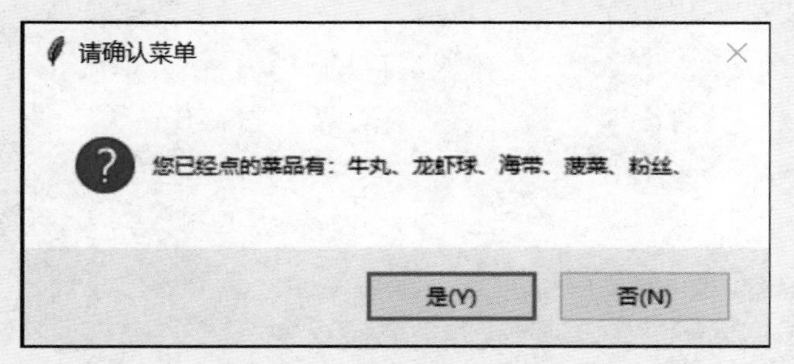

图 13.7　确认菜单的弹窗

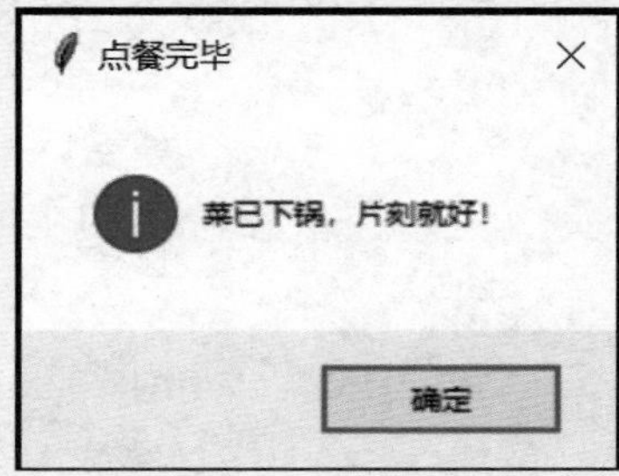

图 13.8　消息弹窗

麻辣烫自助点餐系统的完整代码如下。

```
from tkinter import *
from tkinter import messagebox

# 菜单
fooddic = {0: "牛丸", 1: '龙虾球', 2: '培根', 3: '豆干',
4: '宽粉', 5: '海带', 6: '菠菜', 7: '生菜', 8: '香菇',
9: '拉面', 10: '粉丝', 11: '方便面'}
# 已选菜品
select = {}

def check():
    txt = "您已经点的菜品有："
    for k in select:
        if select[k].get() == 1:
            txt += fooddic[k] + "、"
```

```
        # messagebox.showinfo("请确认菜单",txt)
        m = messagebox.askyesno("请确认菜单", txt)
        # messagebox.askyesnocancel("请确认菜单",txt)
        if m == True:
            messagebox.showinfo("点餐完毕", "菜已下锅，片刻就好！")

    root = Tk()
    root.title("自助麻辣烫")
    root.geometry("400x210")
    lab_title = Label(root, text="麻辣烫自助点餐系统", fg="orange", font="黑体 20 bold")
    lab_title.place(x=60, y=20)
    btn_y = 40
    for i in range(len(fooddic)):
        select[i] = IntVar()
        cbtn = Checkbutton(root, text=fooddic[i], variable=select[i])
        btn_x = 70 + (i % 4) * 65
        if i % 4 == 0:
            btn_y += 30
        cbtn.place(x=btn_x, y=btn_y)
    btn = Button(root, text="确认", command=check)
    btn.place(x=150, y=170, width=80, height=25)
    root.mainloop()
```

我们已经完成了麻辣烫自助点餐系统的程序，其实各种点餐系统都是大同小异的。那么你还能设计出一个其他的系统吗？